Service-Telefon 0800 - 8634488

Rufen Sie uns an, wenn Sie Fragen zum Einsortieren der Folgelieferung haben, wenn Ihnen Folgelieferung fehlen, oder wenn Ihr Werk unvollständig ist.

Wir helfen Ihnen schnell weiter!

Der Inhalt dieser Folgelieferung

Titel des Beitrags	aktualisiert	neu, bzw. erweitert	Seiten
Aktuelles		X	12
Anbau im Gewächshaus Teil 4: Kultur- und Fruchtfolgen		X	10
Grundlagen der Grünlandbewirtschaftung Teil 2: Bewirtschaftung		X	26
Schweinehaltung Teil 2: Schweinerassen und ihre Nutzung		X	25
Öffentliche Förderung Teil 2: Öffentliche Förderung in Deutschland	X		1
Backwaren Teil 2: Produkt und Markt		X	9
Fleisch Teil 5: Kalbfleisch-Zuschnitte und Verwendung		X	8
Vollwerternährung Teil 4: Die Gießener Vollwert-Ernährungs-Studie		X	4
Agrarpolitik Teil 3: Kommunale Agrarpolitik		X	14
Die globale Klimaänderung Teil 1: Der Treibhauseffekt		X	7
Agrarmeteorologie Teil 3: Wetter und Landwirtschaft im Jahreslauf		X	17
Diverse Verzeichnisse	X		22
Gesamt			155

Vorgesehener Seitenpreis (inkl. 7 % MwSt.): ca. DM 0,52
Diese Folgelieferung: Preis DM 78,–; Seiten: 155; tatsächlicher Seitenpreis (inkl. 7 % MwSt.): DM 0,50

Aktuelles

Überblick über wichtige Nachrichten der letzten Monate für Abonnenten des Springer-LoseblattSystems »Ökologische Landwirtschaft« bis September 1998.

Steffi Graf, Julia Hampl, Roland H. Knauer, Immo Lünzer und Helga Willer

Editorial

Das Wetter

Neulich hat mir ein Winzer ein auch nach 28 Jahren Ökoweinbau ungelöstes Problem in seinem Betrieb verraten: »Nur in einem Fall werde ich wirklich wütend«, meinte er. »Wenn ich mein Bestes gegeben habe und dann macht eine Wetterkapriole alle meine Anstrengungen zunichte.« Im April und Mai 1997 hatten späte Fröste seinen Weinstöcken stark zugesetzt und den Ertrag dramatisch vermindert. Gleichzeitig hatte ein fantastischer Herbst eine zwar geringe, aber qualitativ um so hochwertigere Lese beschert.

Ähnlich stöhnen alle Bauern unter dem Wetter und vergessen dabei gern die positiven Überraschungen durch günstige Witterung. Mal ist es ihnen zu trocken, mal regnet es zu viel oder zu stark. Mal zerstören Spätfröste die Obstblüte, mal ist der Winter zu mild und die Schädlinge nehmen überhand. Auch wer auf Feldern und Weiden die besten Rahmenbedingungen schafft, wird doch immer wieder herbe Ertragseinbußen durch »falsche Witterung zur falschen Zeit« erleiden. Das gehört letztendlich zur bäuerlichen Geschäftsgrundlage, unabhängig davon, ob man ökologisch oder konventionell wirtschaftet.

Gegen viele Wetterkapriolen kann man sich nicht wappnen. Aber manche sind vorhersehbar, ihre Folgen lassen sich dann durch geeignete Maßnahmen mildern. Nur haben viele Bauern längst verlernt, die Zeichen am Himmel zu lesen und ihr Wirtschaften dem zu erwartendem Wetter anzupassen. Sei es, daß sie die Heu- oder Getreideernte verschieben, weil eine Gewitterfront naht, oder bei bestimmten Witterungen vorbeugend die Pflanzen gegen Schädlingsbefall stärken. Auf den herkömmlichen Wetterbericht ist in diesem Zusammenhang kein Verlaß, da dieser vor allem das Feierabendvergnügen der 98 Prozent Nichtbauern im Auge hat. Und für die ist die »Biergartentemperatur« und die Sonnenscheingarantie allemal entscheidender als die Nachtfrostgefahr.

Zwar gibt es natürlich auch bäuerliche Wetterberichte, die über Fax oder Internet abgerufen werden können. Aber auch sie können nur das Wetter einer Region vorhersagen, nicht aber die lokalen Verhältnisse. Was nützt es aber, wenn der Wetterbericht korrekt vorhersagt, »kaum Niederschläge«, aber inmitten eines trockenen Landstriches mir ein Gewitterregen die Ernte verhagelt oder ein lokaler, kräftiger Frost die Tomaten für den ab-Hof-Verkauf erfrieren läßt.

Selbst ist der Mann, lautet daher ein fast vergessener Grundsatz. Wie man sein eigener Wetterprophet werden kann, sagt Ihnen Kapitel 11.11, von dem der dritte Teil erscheint. Dort finden Sie zum Beispiel eine ausführliche Tabelle, welche Wetterlagen in welchen Wochen am wahrscheinlichsten sind. Auch solches Wissen erleichtert die Planung.

Schwieriger sind die Verhältnisse beim Klima. Seit Erscheinen des Grundwerkes hat sich das Wissen in diesem Bereich stark verbessert. Wir erneuern und erweitern daher das Kapitel 11.04 grundlegend, Teil 1 finden sie bereits in dieser Nachlieferung. Weitere vier Teile folgen in den kommenden Nachlieferungen, die Ihnen unter anderem zeigen werden, wie jeder einzelne dem drohenden Klimawandel entgegensteuern kann.

ROLAND H. KNAUER (Redaktion)

Aktuelles

»Bio«-Fungizid zugelassen

Ein biologisches Fungizid, Contans WG, gegen die Sclerotiniafäule (*Sclerotinia sclerotiorum* und *S. minor*) hat die Firma Prophyta GmbH entwickelt und dafür im Januar die Zulassung von der BBA erhalten. Vorerst darf das Mittel gegen Kopfsalat unter Glas angewendet werden; Anträge für den Einsatz in weiteren Gemüsekulturen sind in Bearbeitung. Das Biofungizid, das als das erste in Deutschland erzeugte gelten kann, enthält als Gegenspieler der Sclerotinia-Erreger Sporen eines Pilzes, *Coniothyri-*

um minitans. Die Anwendung des in Wasser zu lösenden Granulats muß mindestens zwei Monate vor Anbau der anfälligen Pflanze erfolgen, die Ausbringung erfolgt zur Vorfrucht, zur Winterbrache oder nach dem Anbau einer stark von Sclerotinia befallenen Kultur.

Näheres: Ute Eiben, Dr. Peter Lüth, Prophyta Biologischer Pflanzenschutz GmbH Malchow, Inselstr. 12, D-23999 Malchow b. Wismar, Tel. 038425-230/-2311, Fax -2323/-21512

Gentechnisch hergestellte Lebensmittelenzyme:

Etwa 30 gentechnisch hergestellte Lebensmittelenzyme werden derzeit in Europa eingesetzt. Gerd Spelsberg, Vorstandsmitglied der Verbraucherinitiative, nennt als Grund die »enormen Kostenvorteile« der Gentechnik bei der Herstellung, die »immer mehr Enzyme ins Lebensmittelsortiment« brächten. Sie sind zu finden in Pralinen, Mayonnaise, Fruchtsaft, Aromen und viele anderen Produktgruppen. Anders als beispielsweise Zusatzstoffe fallen Enzyme nicht in die Gruppe zulassungspflichtiger Stoffe. Das ist für die Verbraucherinitiative Anlaß, eine Deklarationspflicht zu fordern. Ferner wurde die Datenbank der Verbraucherinitiative, TransGen, um eine Liste mit gentechnisch veränderten Enzymen erweitert. Hier wird ein Überblick über die Anwendung von Enzymen in verschiedenen Produktgruppen gegeben. Daneben enthält die Datenbank Detail-Informationen mit Angaben zum Ausmaß der derzeitigen gentechnischen Herstellung und Hinweisen für Schimmelpilzallergiker bei Enzymen auf Pilzbasis.

Näheres: Hiltrud Trottenberg, Die VerbraucherInitiative e.V., Breite Straße 51, D-53111 Bonn, Tel. 0228-72633-97; Fax -99
Adresse der Datenbank: http://www.transgen.de

Kaum Platz für Käfighennen

Die EU-Kommission hat den Vorschlag von Agrarkommissar Franz Fischler angenommen, nach dem vom 1. Januar 1999 an Legehennen mindestens 800 cm^2 Käfigfläche zur Verfügung stehen müssen. Bisher beträgt die vorgeschriebene Mindestfläche mit 450 cm^2. Die neue Regelung soll von neu einrichtenden Betrieben ab dem 1. Januar 1999 sofort umgesetzt werden, je nach Alter des Betriebes sieht der Kommissionsvorschlag Übergangsfristen bis zum 1. Januar 2009 vor.

Bei Umweltschutzverbänden stößt der Vorschlag auf breite Ablehnung, da die Hennen zwar etwas mehr Platz erhalten, ihren wirklichen Bedürfnisse aber nach wie vor nicht entsprochen würde. Die Tiere könnten in den Käfigen weder scharren, noch hätten sie Auslauf oder genügend Platz.

Quelle: ZMP, Erzeugerpreise für Produkte aus ökologischem Landbau, Nr. 12

Neues Versuchsgut

Die 320 ha der Staatsdomände Frankenhausen bei Kassel werden von diesem Sommer an durch die Gesamthochschule Kassel (GhK) ökologisch bewirtschaftet.

Die für die Umsetzung Verantwortlichen unter der Leitung von Jürgen Heß möchten eine Konkurrenz zu kleineren Ökobetrieben der Region vermeiden. Der Hof soll sich selbst tragen. Die Vermarktung soll über größere Abnehmer wie Kantinen, Handelsketten oder Krankenhäuser abgewickelt werden. Dazu ist geplant, vor Ort die Rohprodukte weiterzuverarbeiten. Zahlreiche Arbeitsplätze könnten rund um den Betrieb neu entstehen.

Näheres: Prof. Dr. Jürgen Heß, Gesamthochschule Universität Kassel, Fachbereich 11, Fachgebiet Ökologischer Landbau, Nordbahnhofstr. 1a, 05542-9815-87/-65; Fax -68

ArbeitsGemeinschaft Ökologische Baumschulen (AGÖB) gegründet

In Deutschland hat sich eine Arbeitsgemeinschaft Ökologische Baumschulen (AGÖB) gegründet. In ihr arbeiten bisher 20 Baumschulen aus dem gesamten Bundesgebiet zusammen, die gemäß der EG-Ökoverordnung VO 2092/91 wirtschaften. In den vergangenen zwei Jahren wurden die Anbaurichtlinien erarbeitet, erprobt und verbessert. Die Mitglieder bearbeiten das gesamte Baumschulspektrum von der Jungpflanze bis zum Alleebaum, von der Forstpflanze über die Landschaftsgehölze zum Obst, von der Rose über das breite Sortiment der Containerpflanzen bis zu den Ziersträuchern und Rhododendren.

Die Baumschulen gehören einem der drei Anbauverbände Bioland, Demeter oder Naturland an, die Zahl der Mitglieder steigt. Zu Angebotserweiterung sucht die AGÖB nun auch Betriebe außerhalb Deutschlands – insbesondere in den Niederlanden, Belgien und Frankreich –, die nach ökologischen Richtlinien wirtschaften oder dies vorhaben.

Näheres: Dietmar Schlüter, AGÖB, Tarmstedter Str. 24, D-27404 Zeven-Badenstedt, Tel. 04281-937-10, Fax -15

Ökobiere auf dem Vormarsch

In ganz Deutschland gibt es derzeit 27 Ökobierhersteller, die nicht nur Zutaten aus ökologischer Erzeugung verwenden, sondern auch so weit als möglich ein ökologisches Gesamtkonzept verfolgen. Darunter fallen das Brauverfahren, die Verpackungsart und der meist regionale Vertrieb. Auf eine »Schönung« des Bieres wird ebenso verzichtet wie auf den Einsatz von Mitteln zur Haltbarkeitsverlängerung. Biobiere sind dennoch drei bis vier Monate haltbar. Mit ihrer überzeugenden gesamtökologischen Herstellung verzeichnen sie wachsende Marktanteile.

Die Verbraucher Initiative hat zum Biobier ein Faltblatt mit dem Titel »Bier – Gerstensaft auf ökologische Weise« herausgegeben. Es wird für 4.- DM (Scheck oder Briefmarken) verschickt.

Näheres und Bezug: Dr. Silvia Pleschka, Verbraucher Initiative, Breite Str. 51, D-53111 Bonn, Tel. 0228-72633-93, Fax -99

Abhängige Farmer

Ihre völlige Abhängigkeit von Saatgut-Herstellern befürchten amerikanische Bauern auf Grund eines Patentes, das eine neue Methode zur Sterilisierung von Pflanzensamen beschreibt. Mit den Methoden der Gentechnik bringen Wissenschaftler die Erbinformation für ein Protein in die Pflanze ein, das die Keimung verhindert. Mit Hilfe eines genetischen Schalters sorgen sie dafür, daß dieses Protein nur am Ende der Samenreifung produziert wird. So kann zum Beispiel der Weizen ausreifen, die Körner bleiben aber unfruchtbar. Jedes Jahr muß der Bauer demnach sein Saatgut aufs neue von der Firma kaufen und gerät damit in eine völlige Abhängigkeit von diesem Lieferanten (New Scientist, Band 157, Heft 2127, Seite 22). RHK

Unverändertes Höfesterben

16.800 Betriebe weniger als 1995 registrierte das Statistische Bundesamt 1997, ein Rückgang um 7,4 Prozent. Ungebremst geht das Höfesterben demnach weiter. 210.200 Haupterwerbsbetriebe und 308.100 Nebenerwerbslandwirte bewirtschaften als Einzelunternehmen knapp drei Viertel Deutschlands. Gleichzeitig wachsen die verbliebenen Betriebe, im früheren Bundesgebiet bearbeitete ein Nebenerwerbslandwirt mit durchschnittlich 9,4 Hektar rund 0,6 Hektar mehr als noch zwei Jahre vorher. Der Haupterwerbsbauer nimmt im Westen inzwischen 44,2 Hektar und damit 3,1 Hektar mehr als 1995 unter den Pflug. Nur in den neuen Bundesländern nahmen die Betriebszahlen als Spätfolge der Wende dagegen noch einmal zu.

RHK

Special: Vanille – Die hohe Schule des Gewürzbaus

Obwohl es im 19. Jahrhundert gelungen ist, künstliches Vanillin herzustellen, wurde die echte Vanille nicht verdrängt. Man stellte nämlich bald fest, daß das gewünschte, authentische Vanille-Aroma nicht nur durch den Hauptbestandteil Vanillin bestimmt wird, sondern noch durch eine Reihe weiterer aromagebender Substanzen, die in der echten Vanille vorhanden sind und deren Komposition man nicht künstlich herstellen kann.

Vanille ist also noch immer die unbestrittene »Königin der Gewürze«.

Die Pflanze stammt aus den Regenwäldern Mexikos und Mittelamerikas und ihre Früchte wurden lange vor der Kolonisation durch die Spanier von den einheimischen Völkern als kostbares Gewürz gehandelt. Erst nach einiger Zeit erkannten die Europäer ihren Wert. Da bisher Mexiko das Monopol innehatte, versuchten andere Kolonialmächte, Vanille auch in tropische Gegenden ihres Einflußbereichs zu bringen. Die Holländer hatten damit 1819 Erfolg und züchteten auf Java die erste Vanille außerhalb Mexikos. Die Enttäuschung war groß, als man feststellte, daß die Pflanzen zwar gut gediehen und sogar blühten, sich der gewünschte Fruchtansatz aber nicht einstellte. Nach einiger Zeit stellte man fest, daß die Vanillepflanzen in ihrer Heimat von einer bestimmten Kolibri-Art und von Bienen mit langen Mundwerkzeugen bestäubt werden. Diese Bestäuber fehlten natürlich in den neuen Anbaugebieten. So war man gezwungen, die Bestäubung per Hand vorzunehmen, wie es heute noch in Vanilleplantagen üblich ist.

Die Vanillepflanze (*vanilla planifolia*) ist eine Vertreterin der Orchideen. Es handelt sich um eine Kletterpflanze, die im Boden verwurzelt bleibt, und die sich mit Hilfe von Haftwurzeln, die aus den Knoten ihres Stengels entspringen, an ihrem natürlichen Standort an Urwaldbäumen emporrankt. Die Vanille stellt hohe Ansprüche an den Boden und verlangt ein ausgeglichenes Klima mit möglichst schwankungsfreier Tagestemperatur um 25°C und mindestens 1.500 mm Niederschlägen im Jahr. Windgeschützt und nicht zu sonnig soll der Standort sein; Schattenbäume werden benötigt – ideal ist daher die Einbeziehung in ein Agroforstsystem.

Die Stengel und Blätter der Vanille sind fleischig, die Blüte nicht besonders

Abb. 1: *Unscheinbar ist die Vanilleblüte*

üppig und farbenprächtig. Die Blüten entspringen in traubenförmigen Blütenständen aus den Blattachseln, sind weißlich-grün und etwa fünf Zentimeter lang.

Die Vanille-Kultur ist äußerst aufwendig: Man kann Vanille nicht einfach quasi »wild« an irgendwelchen Bäumen hochwachsen lassen und irgendwann ernten. Sie benötigt vielmehr aufmerksame Pflege, die schon bei der Gestaltung der Wuchsform anfängt. Meist bildet nämlich nur ein nach unten hängender Trieb Blüten und Früchte aus. In der Kultur zieht man daher die Vanille an einem Gerüst, oder besser an einem entsprechend in Form geschnittenen Stützbaum (*jatropha curcas* oder *glyricidia sepa*), indem man die Stengel möglichst oft in großen »Schleifen« um einen mehr oder weniger waagerecht wachsenden Zweig windet.

Die Blüten sind nur wenige Stunden befruchtungsfähig, daher muß der Gärtner auch hier ständig achtsam sein.

Einige Tage nach der Befruchtung bildet sich die bohnenförmige Frucht, die zunächst grün gefärbt ist: Fälschlicherweise wird sie oft »Schote« genannt, es handelt sich jedoch um eine Kapselfrucht. Für acht Monate reift die Frucht nun an der Pflanze heran. In diesem grünen Stadium fehlt ihr noch das typische Aroma.

Erst durch einen aufwendigen, sich über drei Monate hinziehenden Fermentationsprozeß bekommt die Vanille ihr schokoladenbraunes Aussehen und es bildet sich Vanillin.

Zum Initiieren dieses biochemischen Prozesses werden die Früchte direkt nach der Ernte kurz in heißes Wasser getaucht: So werden eventuell anhaftende Pilze getötet und pflanzeneigene Enzyme durch Zerstörung der Pflanzenzellen in der Frucht verteilt. Nun bringt man die Vanille in größere Haufen zusammmen, wickelt diese in Wolldecken und läßt sie an einem schattigen Ort schwitzen. Ähnlich wie bei feuchtem Heu erwärmt sich die dichtgepackte Vanille durch mikrobiologische Tätigkeit. Die Wärme läßt ein Enzym aktiv werden , das aus dem ursprünglich an einen Glucoserest gebundenen Vanillin, dem Glycovanillin, die Glucose abspaltet: Mit der Zeit entsteht also immer mehr Vanillin. Das Enzym hat ein Temperaturoptimum von 44 bis 49°C. Die Erhitzung muß also genau geregelt sein. Jeden Tag werden die Früchte für einige Minuten an die Sonne gelegt, um Schimmelpilzbildung zu unterbinden. Danach werden sie wieder eingepackt und schwitzen gelassen. Dieser Prozeß kann sich bis zu drei Monaten hinziehen. Es ist eine Kunst, die Fermentation im richtigen Moment abzubrechen. Die Schoten sollen gleichmäßig schokoladebraun sein und der Vanillingehalt nicht unter zwei Prozent liegen. Pro ausgewachsene Pflanze kann man mit einer Menge fermentierter Vanilleschoten von 30 g (entspricht 150 g frischen Früchten) rechnen.

Nun werden die Schoten noch der Länge und Schönheit nach sortiert und können exportiert werden. Weiße Vanillinkristalle an der Oberfläche der Schoten sind normal und keineswegs als Qualitätsminderung anzusehen.

JULIA HAMPL

Bücher

Helmut Haardt:
Biologische Schädlingsbekämpfung.

Nützlinge-Biologie-Anwendung. 1998, Bezug: renatur, Am Pfeifenkopf 9, D-24601 Stolpe, 6,50 DM, 42 Seiten, DIN A5.

Diese Broschüre stellt die Lebensweise der wichtigsten Gewächshaus-Schädlinge sowie ihrer natürlichen Gegenspieler vor und gibt dem Gärtner Tips für die praktische Anwendung.

Bund für Umwelt und Naturschutz Deutschland (BUND):

Naturschutz beginnt im Garten. Ökologischer Nutzgarten – Naturnaher Ziergarten. 1998. Bezug: BUNDladen, Im Rheingarten 7, D-53225 Bonn, 19,90 DM plus Versand, Best.-Nr. 09006.

Die vorliegende Veröffentlichung ist ein nützlicher Ratgeber für alle, die sich mit ökologischem Gartenbau beschäftigen. Auf 110 Seiten werden zahlreiche Tips gegeben, und es ist aufgezeigt, welche Regeln zu beachten sind und welche Möglichkeiten der Gestaltung sich eröffnen. Literatur- und Bezugsquellennachweise runden den BUNDratgeber ab.

Heinrich-Böll-Stiftung, Bund für Umwelt und Naturschutz Deutschland (BUND):

Wege aus der Wachstumsfalle. Perspektiven für eine zukunftsfähige Wirtschafts- und Lebensweise. 1998. Bezug: Politische Ökologie, Leser- und Abonnement-Service, c/o pan adress direktmarketing GmbH, Semmelweisstraße 8, D-82152 Planegg, 19,80 DM (plus Versandkosten), 102 Seiten, DINA4, reich illustriert, Sonderheft 11.

In Zeiten der Massenarbeitslosigkeit und einer dramatischen Finanzierungskrise der öffentlichen Haushalte gewinnt das alte Rezept vom Wirtschaftswachstum wieder eine herausragende Bedeutung. Kaum ein Wahlprogramm, ein Leitartikel oder eine Konferenz, die Wachstum nicht als Allheilmittel preisen. Doch kann es wirklich die Erwartungen erfüllen, die alle erhoffen? In diesem Sonderheft der Politischen Ökologie diskutieren renommierte Autoren unterschiedlichster Herkunft die ökonomischen und sozialen Folgen des Wirtschaftswachstums – aber auch die Alternativen.

Eceat Deutschland: Urlaub auf Biohöfen in Deutschland 1998/99.

Reiseführer mit Biohöfen von der Insel Rügen bis zu den Alpen. 1998 (vormals SÖL-Sonderausgabe Nr. 40), Bezug: ECEAT Deutschland, Postfach 010243, D-19002 Schwerin, 18,– DM plus Versand, 200 Seiten, 50 Abbildungen.

Der neue Reiseführer gibt einen umfassenden Überblick über die Urlaubsmöglichkeiten auf Deutschlands Biohöfen. Alle Hofbeschreibungen enthalten umfangreiche Angaben über Preise, Freizeitangebote und Umgebung der Höfe. Am Anfang finden Sie Informationen über die Ökoanbauverbände in Deutschland, Beiträge zum sanften Tourismus und weitere Tips für einen umwelt- und sozialverträglichen Tourismus. – ECEAT-Reiseführer mit ausführlichen Informationen zu den einzelnen Höfen gibt es auch für die Länder: Frankreich, Polen Tschechische Republik, Slowakei, Italien, Schweiz, Niederlande, Baltische Staaten, Belgien, Bulgarien, Griechenland, Großbritannien, Irland, Portugal, Spanien, Rumänien, Ungarn und Slowenien
(Preise: 12,50 bis 14,– DM).

Striezel, Andreas (Hrsg.; 1998): Leitfaden zur Tiergesundheit in ökologisch wirtschaftenden Betrieben.

2. erweiterte und verbesserte Auflage, ISBN 3-9804162-1-6: Bioland-Bundesverband, Kaiserstr. 18, D-55116 Mainz, 29.-DM. 144 S.

Die zweite Auflage des Leitfadens zur Tiergesundheit ist gegenüber der ersten stark erweitert worden. Die einzelnen Krankheiten sind deutlicher als bisher den verschiedenen Tierarten zugeordnet. Neben ausführlichen Erläuterungen und Maßnahmen bei Wiederkäuern und Schweinen werden Geflügel- und Bienenkrankheiten und diesbezügliche Hygienemaßnahmen in ausführlichen Extrakapiteln aufgeführt. Rechtliche Verordnungen, die die Tierhygiene betreffen, sind ebenso angesprochen, wie verschiedene naturgemäße Verfahren der Krankheitsbehandlung. Erstmals ermöglicht ein Register die Stichwortsuche. Ein kleines Literaturverzeichnis verweist auf wichtige Übersichtswerke der Tierhygiene. In den einzelnen Texten sind die Hauptpunkte der einzelnen Abschnitte durch Fettdruck hervorgehoben, was das Auffinden einer Passage wesentlich erleichtert. In den Abschnitten zur Vorbeugung oder Behandlung der beschiebenen Krankheiten werden Arzneimittel aus dem naturkundlichen Bereich genannt. Dieses umfangreiche Werk wird Spezialliteratur nicht ersetzen können, gibt aber auf eine Vielzahl häufig auftretender Fragen eine Antwort. Von daher ist der Leitfaden sehr empfehlenswert und vor allem auch relativ günstig. STEFFI GRAF

Termine

Ökologischer Landbau

Beratertagung für die Fachberater des ökologischen Landbaus.

Tagung von Dienstag, 20.10.98, bis Donnerstag, 22.10.98.gemeinsam mit dem Naturland Verband Süd-Ost. Ort: Herrsching, Näheres: AGÖL, Tel./-Fax: 06155-2081; -2083

Futterbau und Landschaftsgestaltung im biologisch-dynamischen Betrieb

Offener Fachkurs der biol.-dyn. Ausbildung. Kurswoche von Montag, 9.11.98, bis Samstag, 14.11.98. Ort + Kontakt: Herzberghof, CH-Asp (AG), R. Ingold, Geschäftsstelle für biol.-dyn. Landwirtschaft, Quidumweg 9, CH- 4143 Dornach, Tel.: +41-61-4160643

Einführungskurs in den organisch-biologischen Landbau

Termin: 07.-12.12.98, Ort: Altenkirchen
Information: Ev. Landjugendakademie
Tel: 02681-95160, Fax: 02681-70206

Fortgeschrittenentagung ökologischer Landbau: Was ist Qualität?

Termin: 09.-11.12.98, Ort: Altenkirchen
Information: Ev. Landjugendakademie
Tel: 02681-95160, Fax: 02681-70206

Pflanzenbau

Arznei- und Gewürzpflanzen.

Fachtagung von Donnerstag, den 1.10.1998, bis Freitag, den 2.10.1998. Themen: Anbau, Nacherntebehandlung, Züchtung, Qualität, Analytik, Verwertung und Vermarktung. Ort: Gießen. Näheres: Prof. Dr. R. Marquard, Institut für Pflanzenbau und Pflanzenzüchtung I, Justus-Liebig-Universität Gießen, Ludwigstr. 23, D-35390 Gießen, Tel: 0641-99374-60; Fax -49, Stefan Bingel, E-Mail: stefan.bingel@agrar.uni-giessen.de

Erhaltung historischer Bauerngärten

Termin: 06.-07.10.98, Ort: Hof Möhr
Information: Alfred Toepfer Akademie für Naturschutz
Tel: 05199-989-0, Fax: 05199-989-46

Ausbringung von Pflanzenarten

Termin: 12.11.98, Ort: Hof Möhr
Information: Alfred Toepfer Akademie für Naturschutz
Tel: 05199-989-0, Fax: 05199-989-46

Einführungskurs ökologischer Kräuterbau

Termin: 14.-18.12.98, Ort: Altenkirchen
Information: Ev. Landjugendakademie
Tel: 02681-95160, Fax: 02681-70206

Pflanzenschutz im ökologischen Landbau

Standortbestimmung und Abgrenzung. Seminar von Freitag, den 22.1., bis Sonntag, den 24.1.1999. Ort: Altenkirchen. Näheres: Uwe Hofmann, Prälat Werthmannstr. 37, D-65366 Geisenheim, Tel. 06722-981001, Fax: 06722-981003, e-mail: uhofmann@weinbau.net

Obst- und Weinbau

Bio-Obstbau für Einsteiger und Interessierte.

Einführungswoche von Mittwoch, 7.10.98, bis Mittwoch, 14.10.98. Mit Exkursion und Flurbegehungen. Ort: Gartenbauschule Oeschberg Info: FiBL, Ackerstraße, CH- 5070 Frick, Tel./-Fax: +41-62-86572-72; -73

Bio-Obstbau für Einsteiger und Interessierte.

Einführungswoche von Mittwoch, 4.11.98, bis Mittwoch, 11.11.98. Mit Exkursion und Flurbegehungen. Gartenbauschule Oeschberg Info: FiBL, Ackerstraße, CH- 5070 Frick, +41-62-86572-72; -73

Boden/Kompost

Ehrenfried-Pfeiffer Seminar für ganzheitlich standortgemäße dynamische Bodenbeurteilung.

Kurs von Freitag, 23.10.1998, bis Samstag, 24.10.1998. Ort: Wetter. Näheres: Dr. Fritz M. Balzer, Oberer Ellenberg 5, D-35083 Wetter-Amönau. Tel: 06423-7483; Fax: 3197

Kompostierung.

Seminar im November 1998. Kurs rund um den Kompost: Technik, Rottelenkung, Ökonomie, Besichtigung von Praxisbetrieben Ort + Kontakt: CH - Olten/Wüfflingen, René Estermann, Composto, Gleidweg 24, CH- 4600 Olten, Tel./-Fax: +41-62-21393-73; -74

Tierhaltung

Tier 1999

Internationale Tiermesse & Kongress von Donnerstag, den 24.6., bis Sonntag, den 27.6.1999. Ort: München. Näheres: ITK, Internationale Tiermesse und Kongress GmbH, Halmstr. 5, D-81369 München, Tel. 089-748780-80, Fax -824

Handel/Verarbeitung

3. Fortbildungslehrgang »Landwirtschaftliche Milchverarbeitung«,

Beginn: Oktober 1998, Teilnehmerzahl begrenzt! Näheres: Verband für handwerkliche Milcherzeugung im ökologischen Landbau e.V., Hohenbercha 23, D-85402 Kranzberg, Tel. 08166-684218, Fax -6274

Vermarktung/Betriebswirtschaft

Ökologische Landwirtschaft und regionale Vermarktung.

Seminar am Donnerstag, 29.10.98. Ort: Neumünster, Veranstalter: BUND LV Schleswig-Holstein, Lerchenstr. 22, 24103 Kiel, Tel./-Fax: 0431-66060-10/-50; Fax -33

Technik/Energie

Photovoltaik – Strom von der Sonne.

Kurs von Mittwoch, 7.10.98, bis Samstag, 10.10.98. Ausbildung zum »geprüften Solarfachberater«. Veranstalter: Energie- und Umweltzentrum Deister e.V., Tel./-Fax: 05044-975-20; -66

Solarthermie – Warmwasserbereitung mit Sonnenkollektoren.

Kurs von Mittwoch, 14.10.98, bis Samstag, 17.10.98.Ausbildung zum »geprüften Solarfachberater«. Veranstalter: Energie- und Umweltzentrum Deister e.V., Tel./-Fax: 05044-975-20; -66

Biomasse aus extensiv bewirtschafteten Flächen als Energieträger

Termin: 21.-22.10.98, Ort: Hof Möhr Information: Alfred Toepfer Akademie für Naturschutz, Tel: 05199-989-0, Fax: 05199-989-46

Nachhaltigkeit konkret: Erneuerbare Energien im »Energiemix«

Termin: 14.-15.11.98, Ort: Altenkirchen Information: Ev. Landjugendakademie Tel: 02681-95160, Fax: 02681-70206

Gentechnik

Hintergrundseminar Ökolandbau und Gentechnik

von Donnerstag, den 29.10. bis Samstag, den 31.10.1998. Ort: Altenkirchen. Näheres: Evangelische Landjugendakademie, Dieperzbergweg 13-17, D-57610 Altenkirchen, Tel. 02681-95160, Fax -70206

Gentechnik und Ernährung – Ein Einführungsseminar für Frauen.

Einführungsseminar von Freitag, 20.11.98.bis Sonntag, 22.11.98.Ort + Kontakt: Winsen/Aller Josefine Bruch Veranstalter: NABU-Akadmie, 29308 Winsen/Aller, Tel./-Fax: 05056-970111 - 970197

5. Wissenschaftstagung zum ökologischen Landbau: »Vom Rand zur Mitte«.

Tagung von Montag, 23.2.99, bis Mittwoch, 25.2.99.Kurzfassungen können bis 31.5.98 eingereicht werden. Ort: Berlin, Näheres: PD Dr. Heide Hoffmann, Landwirtschaftlich-Gärtnerische Fakultät der HU Berlin, Invalidenstr. 42, 10099 Berlin, Tel./-Fax: +49-302093-6351; -6495 heide.hoffmann@agrar.hu-berlin.de

Qualität

Vitalqualität von Lebensmitteln.

Seminar von Freitag, 6.11.98, bis Samstag, 7.11.98.Ort: Wetter-Amönau, Näheres: Dr. Fritz M. Balzer, Oberer Ellenberg 5, D-35083 Wetter-Amönau, Tel./-Fax: 06423-7483; -3197

Eßkultur

Wodurch Nahrung gesund macht.

Vortrag am Samstag, 12.12.98.Ort: Münnerstadt/ Unterfranken, Veranstalter: Eike Braunroth-Zentrum, Nikolaus-Molitor-Str. 37, D- 97702 Münnerstadt, Tel./-Fax: 09733-6535; 6635

Globale Fragen

ZwischenErnte – Die Rolle der ökologischen Landwirtschaft in der Entwicklungszusammenarbeit.

Workshop von Dienstag, 6.10., bis Freitag, 8.10.1998. Veranstalter: AGRECOL e.V.. Näheres: Johannes Kotschi, Johannes-Acker-Str. 6, D-35041 Marburg, Tel. 06420-822870

Impulse

Ökowelt '98 & Öko Bau

Die Umweltausstellung für den Süden
Termin: 02.10.-05.10.98, Ort: Nürnberg, Messe
Information: Ökowelt GmbH
Tel: 09171-9610-0, Fax: 09171-4016

Ökologa

Die Umweltausstellung am Bodensee
Termin: 02.10.-04.10.98, Ort: Friedrichshafen, Messe
Information: Ökologa-Team
Tel: 0911-559079, Fax: 0911-559073

Regionalinitiativen vor Ort

Praktische Zusammenarbeit zwischen Landwirtschaft, Landschaftspflege und Naturschutz. Tagesexkursion am Mittwoch, 21.10.98.»Unterwegs in Hessen«. Veranstalter: Naturschutz-Zentrum Hessen, Friedenstr. 38 35578 Wetzlar Tel./-Fax: 06441-240-25; -28

Ökologa

Die Umweltausstellung im Zentrum
Termin: 16.10.-18.10.98, Ort: Würzburg, Congress Centrum
Information: Ökologa-Team
Tel: 0911-559079, Fax: 0911-559073

Ökologa

Die Umweltausstellung für den Norden
Termin: 30.10.-01.11.98, Ort: Oldenburg, Weser-Ems-Halle
Information: Ökologa-Team
Tel: 0911-559079, Fax: 0911-559073

Inwieweit ist Landschaftspflege noch zeitgemäß?

Termin: 22.10.98, Ort: Albstadt-Onstmettingen
Information: Akademie für Natur- und Umweltschutz Baden-Württemberg
Tel: 0711-126-2818, Fax: 0711-2237668

Landschaft schmeckt!

Perspektiven und Chancen einer naturverträglichen Landwirtschaft in Deutschland. NABU-Fachtagung am Freitag, 6.11.98. Thema: Definition der Naturwirtschaft; Vorstellung beispielhafter Ökoprojekte; Wie können zehn Prozent ökologisch bewirtschafteter Fläche verwirklicht werden? Ort: Berlin, Veranstalter: Naturschutzbund Deutschland e.V. (NABU), Herbert-Rabius-Str. 26, D-53225 Bonn Tel./-Fax: 0228-975610; 9756190

SÖL-Veranstaltungen

Was Sie schon immer über ökologischen Landbau wissen wollten

.... und sich nie zu fragen getraut haben! Seminar am Donnerstag, 1.10.98.Einblicke, Überblicke, Ausblicke über den Ökolandbau auf dem Gelände des Demonstrations- und Forschungsprojektes Ökologische Bodenbewirtschaftung. Ort + Kontakt: Eichenhof, Pfalz, Dr. Ulrich Hampl, Stiftung Ökologie & Landbau, Weinstr. Süd 51, D-67098 Bad Dürkheim, Tel./-Fax: 06322-8069; -989701

2. Verleihung des Karl-Werner-Kieffer-Preises.

Preisverleihung am Freitag, 27.11.98.Preis für Leistungen im Bereich des Umweltschutzes und der Förderung des Ökologischen Landbaus an Einzelpersonen oder Institutionen. Ort + Kontakt: Bad Dürkheim, Immo Lünzer, Stiftung Ökologie & Landbau, Weinstr. Süd 51, D-67098 Bad Dürkheim, Tel./-Fax: 06322-8666 -989701

Messen

Ökowelt Nürnberg.

Messe von Freitag, 2.10.98, bis Montag, 5.10.98.Veranstalter: Ökowelt Veranstaltungs-GmbH, Industriestr. 12, 91186 Büchenbach Tel./-Fax: 09171-96100 -4016

Grüne Woche.

Messe von Donnerstag, den 21.1., bis Sonntag, den 31.1.1999. Ort: D-Berlin. Näheres: Deutscher Bauernverband (DBV), Godesberger Allee 142-148, D-53175 Bonn, Tel. 0228-8198-0, Fax -205

BIO FACH 1999.

Weltfachmesse für Naturkost / Naturwaren von Donnerstag, 18.2.99, bis Sonntag, 21.2.99.Ort + Kontakt: Nürnberg, Ökowelt-Veranstaltungs-GmbH, Industriestr.12, D-91186 Büchenbach, Tel./-Fax: 09171-96100; -4016

Anleitung zum

Einsortieren

Folgelieferung September '98

Sehr geehrter Abonnent, sehr geehrte Abonnentin,

die neueste Folgelieferung für Ihr *SpringerLoseblattSystem Ökologische Landwirtschaft* bringt Ihnen praxisnahe und fachbezogene Informationen zu Ackerbau, Viehzucht, Vermarktung und anderen Aspekten der Landwirtschaft und gibt Ihnen praktische Arbeitshilfen in die Hand.

Die beste Information ist nur dann sinnvoll, wenn sie auf Abruf bereitsteht. Aus diesem Grund bitten wir Sie, die Folgelieferung entsprechend dieser Anleitung möglichst sofort einzuordnen. So haben Sie die Sicherheit, daß nichts verloren geht, alles übersichtlich ist und Sie immer auf dem neuesten Stand des Wissens bleiben. Mit einem Satz: das Einsortieren bedeutet fünf Minuten Mühe, die sich lohnen!

Und so machen Sie es:

Ihr Werk, das nehmen Sie heraus:		**Diese Folgelieferung,** das ordnen Sie ein:	
Das Titelblatt (Schmutztitel)	1 Blatt	Das neue Titelblatt (Schmutztitel)	1 Blatt
Sektion 00, Wegweiser			
Das Inhaltsverzeichnis der Sektion 00	1 Blatt	Das aktualisierte Inhaltsverzeichnis der Sektion 00	1 Blatt
Das Kapitel 00.03: »Inhaltsübersicht«	3 Blatt	Das aktualisierte Kapitel 00.03: »Inhaltsübersicht«	3 Blatt
Sektion 02, Pflanzenbau			
Das Inhaltsverzeichnis der Sektion 02	3 Blatt	Das aktualisierte Inhaltsverzeichnis der Sektion 02	3 Blatt
		Das neue Kapitel 02.08, Teil 4: »Kultur- und Fruchtfolgen«	5 Blatt

Sektion 03, Grünland			
Das Inhaltsverzeichnis der Sektion 03	1 Blatt	Das aktualisierte Inhaltsverzeichnis der Sektion 03	1 Blatt
		Das neue Kapitel 03.01, Teil 2: »Bewirtschaftung«	13 Blatt
Sektion 04, Nutztiere			
Das Inhaltsverzeichnis der Sektion 04	2 Blatt	Das aktualisierte Inhaltsverzeichnis der Sektion 04	2 Blatt
		Das neue Kapitel 04.09, Teil 2: »Schweinerassen und ihre Nutzung«	13 Blatt
Sektion 06, Betriebsmanagement			
Die Seite 11 des Kapitels 06.01, Teil 2: »Öffentliche Förderung in Deutschland«	1 Blatt	Die aktualisierte Seite 11 des Kapitels 06.01, Teil 2: »Öffentliche Förderung in Deutschland«	1 Blatt
Sektion 07, Verarbeitung, Lagerung			
Das Inhaltsverzeichnis der Sektion 07	1 Blatt	Das aktualisierte Inhaltsverzeichnis der Sektion 07	1 Blatt
		Das neue Kapitel 07.02, Teil 2: »Produkt und Markt«	5 Blatt
		Das neue Kapitel 07.04, Teil 5: »Kalbfleisch-Zuschnitte und ihre Verwendung«	4 Blatt

Sektion 09, Verbraucher			
Das Inhaltsverzeichnis der Sektion 09	1 Blatt	Das aktualisierte Inhaltsverzeichnis der Sektion 09	1 Blatt
		Das neue Kapitel 09.02, Teil 4: »Die Gießener Vollwert-Ernährungs-Studie«	2 Blatt

Sektion 11, Agrarpolitik			
Das Inhaltsverzeichnis der Sektion 11	1 Blatt	Das aktualisierte Inhaltsverzeichnis der Sektion 11	1 Blatt
		Das erweiterte Kapitel 11.01, Teil 3: »Kommunale Agrarpolitik«	7 Blatt
Das Kapitel 11.04: »Die Beteiligung der Landwirtschaft an der globalen Klimaänderung«	11 Blatt	Das erweiterte Kapitel 11.04, Teil 1: »Der Treibhauseffekt« (Teile 2 bis 5 folgen in den kommenden Nachlieferungen)	4 Blatt
		Das neue Kapitel 11.11, Teil 3: »Wetter und Landwirtschaft im Jahreslauf«	9 Blatt

Ökologische Landwirtschaft

Pflanzenbau – Tierhaltung – Management

Herausgegeben von
I. Lünzer und H. Vogtmann

Redaktion
R. Knauer

Mit Beiträgen von
M. Albrecht, G. Alvermann, E. Bauer, W. Baumgartner,
E. Boehncke, U. Böttcher, R. Büchler, B. Burdick, U. Buschhaus,
F. Conrath, F. Deerberg, W. Dreyer, U. Ebert, S. Erhardt, T. Fisel,
D. Fölsch, P. von Fragstein, A. Franzmann, B. Freyer, M. Friebl,
B. Glaeser, W. Gutberlet, M. Haccius, A. Häseli, U. Hampl,
R. Hermanowski, B. Hörning, D. Hoppmann, J. Jungehülsing,
B. Kaiser-Heydenreich, M. Karpenstein-Machan, R. Knauer, E. Kölsch,
W. Kress, K. Kreuzer, C. Krutzinna, H. Kuhnert, T. Kurowski,
C. Leitzmann, U. Lindner, A. Löhr, I. Lünzer, A. Meier-Ploeger, D. Müller,
R. Neff, J. Neuendorff, H. Nieberg, G. Postler, P. Przybilla, F. Rau,
H. Redelberger, H. J. Reents, L. Reh, C. Roeckl, R. Roehl, F. Sattler,
E. Scheller, O. Schmid, L. Schulze Pals, K. L. Schweisfurth,
R. Seibold, J. Spranger, H. Stöppler-Zimmer, M. Straub,
L. Tamm, F. Thomas, B. Urner, U. Venator, G. Völkel, H. Vogtmann,
F. Weibel, H. Weismantel, H. Willer, B. Wirthgen, R. Witt,
E. Wyss, W. Xylander

Stand: September '98

SpringerLoseblattSysteme

Impressum

Herausgeber:
Dipl.-Ing. agr. IMMO LÜNZER
Stiftung Ökologie und Landbau,
Bad Dürkheim

Prof. Dr. sc. tech. HARTMUT VOGTMANN
Präsident des Hessischen Landesamtes für
Regionalentwicklung und Landwirtschaft
Kassel

Redaktion:
Dr. rer. nat. ROLAND KNAUER
Ilmenau 2
96160 Geiselwind

Projektentwicklung
Dr. NIKLAS STILLER
med-inform Verlagsgesellschaft mbH
Schneider-Wibbel-Gasse 4
40213 Düsseldorf

Zentralredaktion
ELKE BIEBER,
med-inform Verlagsgesellschaft mbH
UTA KÜHNE,
med-inform Verlagsgesellschaft mbH

Satz:
KAREN FLEMING,
med-inform Verlagsgesellschaft mbH

Visuelles Konzept:
MetaDesign, Berlin

Geschäftliche Post bitte ausschließlich an
den Auftragsbearbeitung
Springer-Verlag Berlin Heidelberg GmbH.

zu Händen von Frau RENATE ASSMANN
Postfach 14 02 01
14302 Berlin

ISBN 978-3-540-64904-5
ISBN 978-3-662-25239-0 (eBook)
DOI 10.1007/978-3-662-25239-0

Ursprünglich erschienen bei Springer-Verlag
Berlin Heidelberg New York 1988

51/3130/543210 – gedruckt auf chlorfrei gebleichtem Papier

Sektion 00, Wegweiser

Inhaltsübersicht der Sektionen und ihrer Kapitel

Mit ● markierte Kapitel behandeln eingehend die ökonomischen Vor- und Nachteile der ökologischen Wirtschaftsweise. Weitere Kapitel mit diesem Aspekt werden vorbereitet. Die mit der Folgelieferung September '98 gelieferten Beiträge sind hellrot unterlegt.

Sektion 05, Landtechnik und Bauwesen (zweiter Ordner)

Sektion 06, Betriebsmanagement (zweiter Ordner)

Sektion 07, Verarbeitung, Lagerung (zweiter Ordner)

Sektion 11, Agrarpolitik, -kultur, -ökologie und soziale Aspekte (zweiter Ordner)

Sektion 12, Allgemeines, spezielle Themen und Service (zweiter Ordner)

Folgelieferung September '98

Sektion 02,
Ökologischer Pflanzenbau

Folgelieferung September '98

Folgelieferung September '98

02.11 Sorten und Saaten

Teil 1: Kartoffeln
von EBERHARD KÖLSCH UND HOLGER STÖPPLER-ZIMMER
(Stand: Dezember '96)

Teil 2: Großkörnige Leguminosen
von EBERHARD KÖLSCH UND HOLGER STÖPPLER-ZIMMER
(Stand: April '97)

Teil 3: Gerste
von EBERHARD KÖLSCH UND HOLGER STÖPPLER-ZIMMER
(Stand: April '97)

Teil 4: Winterroggen
von EBERHARD KÖLSCH UND HOLGER STÖPPLER-ZIMMER
(Stand: August '97)

Teil 5: Winterweizen
von EBERHARD KÖLSCH UND HOLGER STÖPPLER-ZIMMER
(Stand: Dezember '97)

Folgelieferung September '98

Anbau im Gewächshaus
Teil 4: Kultur- und Fruchtfolgen

Im Gewächshaus bereitet der Fruchtwechsel dem Öko-Anbauer erhebliche Probleme, da nur sehr wenige Produkte gepflanzt werden, die obendrein oft noch aus der gleichen Pflanzengruppe stammen. Allerdings zeigen erste Versuche, daß auch Fruchtfolgen zum Erfolg führen, die im Freilandanbau ein Krankheitsrisiko bringen.

Ulrike Lindner

Unter Kulturfolge im Gewächshaus versteht man die unter pflanzenbaulichen und ökonomischen Gesichtspunkten gewählte Aufeinanderfolge von Gemüsearten im Laufe des Jahres auf einer Fläche. Fruchtfolge nennt man den aus biologischen Gesichtspunkten notwendigen Wechsel zwischen geeigneten, nicht miteinander verwandten Kulturen über mehrere Jahre mit dem Ziel, die Bodenfruchtbarkeit zu erhalten.

Wie im Freiland ist auch im Gewächshaus ein Fruchtwechsel nötig. Würden ständig die gleichen Kulturen angebaut werden, reichern sich Krankheitserreger an. Dadurch sinken die Erträge. Bei Monokulturen lief die Entwicklung im konventionellen Anbau soweit, daß der Anbau im gewachsenen Boden nicht mehr rentabel war und darum auf »erdelose Kulturverfahren« ausgewichen werden mußte.

Dieser Beitrag zeigt Ihnen,

- welche Krankheiten mangelnder Fruchtwechsel nach sich zieht
- welche Vorkulturen sich anbieten
- welche Nachkulturen sinnvoll sind
- welche Kultur- und Fruchtfolgen sich im Gewächshaus anbieten
- welchen Erlös jeder Quadratmeter Anbaufläche bei verschiedenen Fruchtfolgen bringt

Die Gestaltung der Fruchtfolge ist im Gewächshaus oft schwierig, da neben den pflanzenbaulichen Voraussetzungen auch die betrieblichen (Gewächshausart, mit oder ohne Heizmöglichkeit, vorhandene Arbeitskräfte) und marktmäßigen Gegebenheiten berücksichtigt werden müssen. Durch einen Fruchtwechsel sollen bodenbürtige Krankheiten, die schwer bekämpfbar sind, vermieden oder reduziert werden. Dabei handelt es sich meist um Pilzkrankheiten, teilweise mit Dauersporen, sowie um Nematoden (Fadenwürmer).

Folgelieferung September '98

Tabelle1: Mögliche Krankheiten durch mangelnden Fruchtwechsel

Pflanzenfamilie und Gemüseart	Krankheit
Kreuzblütler Kohl	Kohlhernie (Pilzkrankheit mit im Boden verbleibenden Dauersporen)
Nachtschattengewächse Tomate	Korkwurzelkrankheit (sich im Boden anreichernder Pilz)
Kürbisgewächse Gurke	Fusarium-Welke (Pilz überdauert im Boden)
Hülsenfrüchte Bohnen	Fusarium-Welke (Pilz überdauert im Boden)
Korbblütler Kopf-, Eis- und ähnliche Blattsalate	Sclerotinia (Pilzkrankheit mit im Boden verbleibenden Dauersporen)

Bezüglich der ökonomischen Faktoren ist die Wahl der Vorkultur sehr wichtig. Bei langjährigen Kulturfolgeversuchen in Glas- und Folienhäusern wurden meist vierzig Prozent des Jahresumsatzes schon durch die Vorkultur (Kulturzeit im Haus meist nur acht bis zehn Wochen) erzielt. Welche Kultur nach der Frühkultur im Folienhaus angebaut wird, ob ein Folienhaus intensiv oder mehr extensiv bewirtschaftet wird, muß sich nach der Betriebsstruktur richten. Ein Betrieb mit intensivem Freilandgemüsebau kann ohne zusätzliche Arbeitskräfte im Sommer keine Gewächshausgurken produzieren, die regelmäßig geschnitten, gepflegt und dreimal wöchentlich geerntet werden müssen. Hier bietet sich als arbeitsextensive und relativ erlösstarke Kultur der Paprika an.

Abb. 1: *Kopfsalat als Nachhalter ist extrem empfindlich gegen Pilzkrankheiten*

Abb. 2: *Postelein bietet sich als Nachkultur an*

Bei den Nachkulturen bieten nur die sehr späten Kulturen mit Ernten ab Dezember befriedigende Erlöse. Da Kopfsalat in dieser Jahreszeit extrem empfindlich gegen Pilzkrankheiten ist (Abb. 1), scheidet er aus pflanzenbaulichen Gründen aus. Einfach in der Produktion und relativ unempfindlich gegen Krankheiten sind Feldsalat und Winterpostelein (Abb. 2).

Die Tabelle 2 enthält geeignete Vorschläge für eine Fruchtfolge über drei Jahre. Die Tabellen 3 bis 5 enthalten Versuchsergebnisse von Fruchtfolgen, die im konventionellen Anbau über sechs Jahre im Glas- und auch in einem nur im Frühjahr leicht temperierbaren Folienhaus durchgeführt wurden. Es sind die tatsächlichen Kulturzeiten (Köln) und Werte zu den Erträgen und Umsätzen je m^2 (Absatz über einen Großmarkt, der überwiegend herkömmlich angebautes Gemüse vermarktet) angegeben. Beim ökologischen Anbau könnten die Erträge geringfügig niedriger, dafür die Preise höher ausfallen. Die Jahreserlöse je m^2 liegen dadurch bei beiden Anbauverfahren in der gleichen Größenordnung. Theoretisch ist bei diesen Fruchtfolgen (Tabelle 3 bis 5) der Anteil an Kreuzblütlern zu hoch, in der Praxis zeigten sich jedoch keinerlei Probleme mit Kohlhernie.

Tabelle 2: Mögliche Kultur- und Fruchtfolgen in einem temperierten Glashaus (Versuchsergebnisse von sechs Jahren mit Erträgen und Erlösen aus dem konventionellen Anbau)

		Kulturfolge 1	Kulturfolge 2	Kulturfolge 3	Kulturfolge 4	Kulturfolge 5	Kulturfolge 6
Februar	1. Woche					Kohlrabi	Rübstiel
	2. Woche			Kohlrabi	Rettich	Kohlrabi	Rübstiel
	3. Woche	Rettich	Rübstiel	Kohlrabi	Rettich	Kohlrabi	Rübstiel
	4. Woche	Rettich	Rübstiel	Kohlrabi	Rettich	Kohlrabi	Rübstiel
März	1. Woche	Rettich	Rübstiel	Kohlrabi	Rettich	Kohlrabi	Rübstiel
	2. Woche	Rettich	Rübstiel	Kohlrabi	Rettich	Kohlrabi	Rübstiel
	3. Woche	Rettich	Rübstiel	Kohlrabi	Rettich	Kohlrabi	Rübstiel
	4. Woche	Rettich	Rübstiel	Kohlrabi	Rettich	Kohlrabi	Stangenbohnen
April	1. Woche	Rettich	Rübstiel	Kohlrabi	Rettich	Kohlrabi	Stangenbohnen
	2. Woche	Rettich	1) Knollensellerie	Kohlrabi	Rettich	Kohlrabi	Stangenbohnen
	3. Woche	Rettich	1) Knollensellerie	Kohlrabi	Rettich	Tomaten	Stangenbohnen
	4. Woche	Rettich	1) Knollensellerie	Tomaten	Rettich	Tomaten	Stangenbohnen
Mai	1. Woche	Salatgurke	1) Knollensellerie	Tomaten	3) Knollensellerie	Tomaten	Stangenbohnen
	2. Woche	Salatgurke	1) Knollensellerie	Tomaten	3) Knollensellerie	Tomaten	Stangenbohnen
	3. Woche	Salatgurke	1) Knollensellerie	Tomaten	3) Knollensellerie	Tomaten	Stangenbohnen
	4. Woche	Salatgurke	1) Knollensellerie	Tomaten	3) Knollensellerie	Tomaten	Stangenbohnen
Juni	1. Woche	Salatgurke	1) Knollensellerie	Tomaten	3) Knollensellerie	Tomaten	Stangenbohnen
	2. Woche	Salatgurke	1) Knollensellerie	Tomaten	3) Knollensellerie	Tomaten	Stangenbohnen
	3. Woche	Salatgurke	1) Knollensellerie	Tomaten	3) Knollensellerie	Tomaten	Stangenbohnen
	4. Woche	Salatgurke	2) Kohlrabi	Tomaten	2) Kohlrabi	Tomaten	Stangenbohnen
Juli	1. Woche	Salatgurke	2) Kohlrabi	Tomaten	2) Kohlrabi	Tomaten	Stangenbohnen
	2. Woche	Salatgurke	2) Kohlrabi	Tomaten	2) Kohlrabi	Tomaten	Stangenbohnen
	3. Woche	Salatgurke	2) Kohlrabi	Tomaten	2) Kohlrabi	Tomaten	Stangenbohnen
	4. Woche	Salatgurke	2) Kohlrabi	Tomaten	2) Kohlrabi	Tomaten	
August	1. Woche	Salatgurke	3) Kohlrabi	Tomaten	2) Kohlrabi	Tomaten	Fenchel
	2. Woche	Salatgurke	3) Kohlrabi	Tomaten		Tomaten	Fenchel
	3. Woche	Salatgurke	3) Kohlrabi	Tomaten		Tomaten	Fenchel
	4. Woche	Salatgurke	3) Kohlrabi	Tomaten		Tomaten	Fenchel

Folgelieferung September '98

Tabelle 2: Mögliche Kultur- und Fruchtfolgen in einem temperierten Glashaus (Versuchsergebnisse von sechs Jahren mit Erträgen und Erlösen aus dem konventionellen Anbau (Fortsetzung))

		Kulturfolge 1	Kulturfolge 2	Kulturfolge 3	Kulturfolge 4	Kulturfolge 5	Kulturfolge 6
Septemb.	1. Woche	Salatgurke	3) Kohlrabi	Tomate	Batavia	Tomate	Fenchel
	2. Woche						
	3. Woche	Kopfsalat					
	4. Woche		Feldsalat gesät	Feldsalat gesät		Feldsalat gepflanzt	
Oktober	1. Woche						
	2. Woche						
	3. Woche						
	4. Woche						
Novemb.	1. Woche						
	2. Woche						
	3. Woche						
	4. Woche						
Dezemb.	1. Woche						
	2. Woche						
	3. Woche						
	4. Woche						
Januar	1. Woche						
	2. Woche						
	3. Woche						
	4. Woche						
	Erträge je Quadratmeter						
	Vorkult.	19 Stk.	23 Bund	15,1 Stk.	16,9 Stk.	14 Stk.	26 Bund
	Hauptk.	42 Stk.	1) 11 Stk. 2) 9 Stk. 3) 9 Stk.	9,7 kg	1) 11 Stk. 2) 10 Stk.	10 kg	3,5 kg
	Nachk.	12 Stk.	1,1 kg	0,8 kg	8,5 Stk.	1 kg	3,1 kg
Gesamterlös DM/m² **(konventionell)**		**38,18**	**39,53**	**31,47**	**25,71**	**37,52**	**41,82**

Bemerkung: der Anteil an Kreuzblütlern ist hier zu hoch! Für eine sachgerechte Fruchtfolge müßten Kulturen aus anderen Pflanzenfamilien eingeschoben werden!

Tabelle 3: Mögliche Kultur- und Fruchtfolgen in einem temperierten Glashaus (Versuchsergebnisse von sechs Jahren mit Erträgen und Erlösen aus dem konventionellen Anbau)

<table>
<tr><th></th><th></th><th>Kulturfolge 1</th><th>Kulturfolge 2</th><th>Kulturfolge 3</th><th>Kulturfolge 4</th><th>Kulturfolge 5</th><th>Kulturfolge 6</th></tr>
<tr><td rowspan="4">Februar</td><td>1. Woche</td><td rowspan="2"></td><td rowspan="2"></td><td></td><td rowspan="8">Rübstiel</td><td rowspan="10">Kohlrabi</td><td rowspan="12">Rettich</td></tr>
<tr><td>2. Woche</td><td rowspan="10">Kohlrabi</td></tr>
<tr><td>3. Woche</td><td rowspan="10">Rettich</td><td rowspan="7">Kopfsalat</td></tr>
<tr><td>4. Woche</td></tr>
<tr><td rowspan="4">März</td><td>1. Woche</td></tr>
<tr><td>2. Woche</td></tr>
<tr><td>3. Woche</td></tr>
<tr><td>4. Woche</td></tr>
<tr><td rowspan="4">April</td><td>1. Woche</td><td rowspan="9">1) Knollensellerie</td></tr>
<tr><td>2. Woche</td><td rowspan="9">1) Knollensellerie</td></tr>
<tr><td>3. Woche</td><td rowspan="18">Tomaten</td></tr>
<tr><td>4. Woche</td><td rowspan="17">Paprika</td></tr>
<tr><td rowspan="4">Mai</td><td>1. Woche</td><td rowspan="16">Salatgurke</td><td rowspan="5">1) Sellerie</td></tr>
<tr><td>2. Woche</td></tr>
<tr><td>3. Woche</td></tr>
<tr><td>4. Woche</td></tr>
<tr><td rowspan="4">Juni</td><td>1. Woche</td></tr>
<tr><td>2. Woche</td><td rowspan="8">2) Kohlrabi</td><td rowspan="7">2) Kohlrabi</td></tr>
<tr><td>3. Woche</td><td rowspan="10">2) Kohlrabi</td></tr>
<tr><td>4. Woche</td></tr>
<tr><td rowspan="4">Juli</td><td>1. Woche</td></tr>
<tr><td>2. Woche</td></tr>
<tr><td>3. Woche</td></tr>
<tr><td>4. Woche</td></tr>
<tr><td rowspan="4">August</td><td>1. Woche</td><td rowspan="4"></td></tr>
<tr><td>2. Woche</td><td rowspan="3">Fenchel</td></tr>
<tr><td>3. Woche</td></tr>
<tr><td>4. Woche</td></tr>
</table>

Folgelieferung September '98

Tabelle 3: Mögliche Kultur- und Fruchtfolgen in einem temperierten Glashaus (Versuchsergebnisse von sechs Jahren mit Erträgen und Erlösen aus dem konventionellen Anbau (Fortsetzung))

		Kulturfolge 1	Kulturfolge 2	Kulturfolge 3	Kulturfolge 4	Kulturfolge 5	Kulturfolge 6
Septemb.	1. Woche	Salatgurke	2) Kohlrabi	Paprika	Fenchel	Tomate	
	2. Woche						
	3. Woche	Kopfsalat				Postelein	
	4. Woche		Feldsalat gesät				
Oktober	1. Woche						Postelein
	2. Woche			Feldsalat gesät			
	3. Woche						
	4. Woche						
Novemb.	1. Woche						
	2. Woche						
	3. Woche						
	4. Woche						
Dezemb.	1. Woche						
	2. Woche						
	3. Woche						
	4. Woche						
Januar	1. Woche						
	2. Woche						
	3. Woche						
	4. Woche						
	Erträge je Quadratmeter						
	Vorkult.	19 Stk.	15 Stk.	15,1 Stk.	21 Stk.	14 Stk.	17 Stk.
	Hauptk.	42 Stk.	1) 11 Stk. 2) 13 Stk.	9,7 kg	1) 11 Stk. 2) 12 Stk.	12 kg	1) 11 Stk. 1) 12 Stk.
	Nachk.	12 Stk.	1,1 kg	1,2 kg	2,8 Stk.	3,7 kg	3,0 kg
Gesamterlös DM/m² (konventionell)		**38,18**	**27,01**	**30,35**	**18,06**	**36,38**	**40,67**

Bemerkung: der Anteil an Kreuzblütlern ist hier zu hoch! Für eine sachgerechte Fruchtfolge müßten Kulturen aus anderen Pflanzenfamilien eingeschoben werden!

Tabelle 4: Mögliche Kultur- und Fruchtfolgen in einem temperierten Glashaus (Versuchsergebnisse von sechs Jahren mit Erträgen und Erlösen aus dem konventionellen Anbau)

		Kulturfolge 1	Kulturfolge 2	Kulturfolge 3	Kulturfolge 4	Kulturfolge 5	Kulturfolge 6
Februar	1. Woche						
	2. Woche						
	3. Woche		Rübstiel				
	4. Woche		Rübstiel				
März	1. Woche		Rübstiel		Spitzkohl	Porree	
	2. Woche		Rübstiel	Porree	Spitzkohl	Porree	Rettich
	3. Woche	Porree	Rübstiel	Porree	Spitzkohl	Porree	Rettich
	4. Woche	Porree	Rübstiel	Porree	Spitzkohl	Porree	Rettich
April	1. Woche	Porree	Rübstiel	Porree	Spitzkohl	Porree	Rettich
	2. Woche	Porree	1) Knollensellerie	Porree	Spitzkohl	Porree	Rettich
	3. Woche	Porree	1) Knollensellerie	Porree	Spitzkohl	Porree	Rettich
	4. Woche	Porree	1) Knollensellerie	Porree	Spitzkohl	Porree	Rettich
Mai	1. Woche	Porree	1) Knollensellerie	Porree	Spitzkohl	Porree	Rettich
	2. Woche	Porree	1) Knollensellerie	Porree	Spitzkohl	Porree	Rettich
	3. Woche	Porree	1) Knollensellerie	Porree	Spitzkohl	Porree	Paprika
	4. Woche	Porree	1) Knollensellerie	Porree	Spitzkohl	Porree	Paprika
Juni	1. Woche	Porree	1) Knollensellerie	Porree	Tomaten	Porree	Paprika
	2. Woche	Porree	1) Knollensellerie	Porree	Tomaten	Tomaten	Paprika
	3. Woche		2) Kohlrabi	Porree	Tomaten	Tomaten	Paprika
	4. Woche		2) Kohlrabi	Kohlrabi	Tomaten	Tomaten	Paprika
Juli	1. Woche	Kohlrabi	2) Kohlrabi	Kohlrabi	Tomaten	Tomaten	Paprika
	2. Woche	Kohlrabi	2) Kohlrabi	Kohlrabi	Tomaten	Tomaten	Paprika
	3. Woche	Kohlrabi	2) Kohlrabi	Kohlrabi	Tomaten	Tomaten	Paprika
	4. Woche	Kohlrabi	2) Kohlrabi	Kohlrabi	Tomaten	Tomaten	Paprika
August	1. Woche	Kohlrabi	2) Kohlrabi	Kohlrabi	Tomaten	Tomaten	Paprika
	2. Woche	Kohlrabi	2) Kohlrabi	Endivie b. 1. Sept. W	Tomaten	Tomaten	Paprika
	3. Woche	Kohlrabi	2) Kohlrabi	Endivie b. 1. Sept. W	Tomaten	Tomaten	Paprika
	4. Woche		2) Kohlrabi	Endivie b. 1. Sept. W	Tomaten	Tomaten	Paprika

Folgelieferung September '98

Tabelle 4: Mögliche Kultur- und Fruchtfolgen in einem temperierten Glashaus (Versuchsergebnisse von sechs Jahren mit Erträgen und Erlösen aus dem konventionellen Anbau (Fortsetzung))

		Kulturfolge 1	Kulturfolge 2	Kulturfolge 3	Kulturfolge 4	Kulturfolge 5	Kulturfolge 6
Septemb.	1. Woche	Winterzwiebeln eventuell bis März	2) Kohlrabi		Tomaten	Tomate	Paprika
	2. Woche						
	3. Woche						
	4. Woche		Feldsalat gesät				
Oktober	1. Woche						
	2. Woche						
	3. Woche						
	4. Woche						
Novemb.	1. Woche					Feldsalat (bis Mitte Februar)	
	2. Woche				Postelein		Postelein
	3. Woche						
	4. Woche						
Dezemb.	1. Woche						
	2. Woche						
	3. Woche						
	4. Woche						
Januar	1. Woche						
	2. Woche						
	3. Woche						
	4. Woche						

Erträge je Quadratmeter

		Kulturfolge 1	Kulturfolge 2	Kulturfolge 3	Kulturfolge 4	Kulturfolge 5	Kulturfolge 6
	Vorkult.	32 Stk.	21 Bund	21,6 Stk.	4,7 kg	30 Stk.	18 Bund
	Hauptk.	12,1 Stk.	1) 11 Stk. 2) 9 Stk.	10,8 Stk.	10,9 kg	8 kg	5,3 kg
	Nachk.	0	1,2 kg	8 Stk.	1,4 kg	1,2 kg	2,3 kg
Gesamterlös DM/m² (konventionell)		**26,51**	**39,81**	**18,82**	**19,46**	**36,98**	**38,54**

Tabelle 5: Dreijährige Kultur- und Fruchtwechselmöglichkeiten im temperierten Gewächshaus mit Vorkultur (V), Hauptkultur (H) und Nachkultur (N)

	Haus 1	Haus 2	Haus 3
1. Jahr			
V	Kreuzblütler (Kohlrabi, Rettich, Radies, Rübstiel)	Gänsefußgewächse (Spinat)	Korbblütler (Kopf-, Eis- und andere Blattsalate)
H	Nachtschattengewächse (Tomaten, Paprika, Auberginen)	Hülsenfrüchte (Stangenbohnen)	Kürbisgewächse (Gurken, Melonen, Zucchini, Kürbis)
N	Baldriangewächse (Feldsalat)	Doldenblütler (Knollenfenchel)	Portulakgewächse (Winterpostelein)
2. Jahr			
V	Gänsefußgewächse (Spinat)	Korbblütler (Kopf-, Eis- und andere Blattsalate)	Kreuzblütler (Kohlrabi, Rettich, Radies, Rübstiel)
H	Hülsenfrüchte (Stangenbohnen)	Kürbisgewächse (Gurken, Melonen, Zucchini, Kürbis)	Nachtschattengewächse (Tomaten, Paprika, Auberginen)
N	Doldenblütler (Knollenfenchel)	Portulakgewächse (Winterpostelein)	Baldriangewächse (Feldsalat)
3. Jahr			
V	Korbblütler (Kopf-, Eis- und andere Blattsalate)	Kreuzblütler (Kohlrabi, Rettich, Radies, Rübstiel)	Gänsefußgewächse (Spinat)
H	Kürbisgewächse (Gurken, Melonen, Zucchini, Kürbis)	Nachtschattengewächse (Tomaten, Paprika, Auberginen)	Hülsenfrüchte (Stangenbohnen)
N	Portulakgewächse (Winterpostelein)	Baldriangewächse (Feldsalat)	Doldenblütler (Knollenfenchel)

Sektion 03, Grünland

Folgelieferung September '98

Grundlagen der Grünlandbewirtschaftung Teil 2: Bewirtschaftung

Weide, Mähweide oder Wiese verlangen nicht nur unterschiedlichen Arbeitsaufwand zu verschiedenen Zeiten, sondern auch unterschiedliche Düngung und Pflege. Diese Bewirtschaftung wiederum steuert maßgeblich die Artenzusammensetzung, die wiederum einen wichtigen Einfluß auf die Wirtschaftlichkeit hat.

Stichpunkte: Düngung: Stickstoff, Phosphat und Kali, Jauche, Stallmist, Gülle, Kompost; Nutzung: Weide, Mähweide, Wiese; Pflege: Walzen, Schleppen, Nachsaat bei Siloschnitt, Nachmahd von Weiden, Mulchen vor dem Winter; Unkräuter und -gräser, Schädlinge

Folgelieferung September '98

RICHARD NEFF

Dieses Kapitel zeigt Ihnen:
- wann und mit welchen Wirtschaftsdüngern Grünland gedüngt werden sollte
- welche Formen der Nutzung möglich sind und wie sich diese unter Umständen ergänzen
- welche Pflegemaßnahmen anfallen
- wie Unkräuter und gräser, sowie andere Schädlinge bekämpft werden können

Düngung des Grünlandes

Die Düngung von Grünland bewirkt zweierlei. Kurzfristig wirkt sie wie in Reinbeständen auf Massenwuchs und Inhaltstoffe der Einzelpflanzen und verändert so Ertrag und Futterwert des Mischbestandes. Da die einzelnen Arten jedoch unterschiedliche Nährstoffansprüche haben, greift die Düngung zusätzlich in die Konkurrenzbeziehungen ein. Durch Umschichtungen kommt es daher auch zu langfristigen Auswirkungen im Pflanzenbestand. Düngungseffekte sind daher im Grünland sehr viel stärker zeitabhängig als im Ackerbau.

Der Grünlandbetrieb zeichnet sich im Gegensatz zum Marktfruchtbetrieb durch einen nahezu geschlossenen Nährstoffkreislauf aus. Dies gilt jedoch nur für den Gesamtbetrieb, und nicht für die einzelnen Betriebsflächen. Weide, Mähweide und Wiese unterscheiden sich im Hinblick auf den Nährstoffkreislauf nämlich grundsätzlich. Auf Weiden fließen die mit dem Futter aufgenommenen Nährstoffe mit Kot und Harn nahezu vollständig wieder zurück. Nur die Nährstoffe, die in Milch und Fleisch enthalten sind, werden der Fläche tatsächlich entzogen. Von Wiesen werden dagegen alle dem Boden entzogenen Nährstoffe mit dem Erntegut abtransportiert. Die den Weiden mit Exkrementen zurückgegebenen Nährstoffe sind jedoch ungleich verteilt und zum Teil erheblichen Verlusten durch Verdunstung und Versickerung unterworfen. Ihre exakte Anrechnung bei der Düngerbemessung ist daher schwierig.

Stickstoff

Gesteigerte Stickstoffgaben haben Bestandsveränderungen zur Folge, weil nicht alle Arten in gleicher Weise auf das erhöhte Angebot reagieren. Begünstigt werden Stickstoffdankbare, zu denen jedoch nicht nur wertvolle Pflanzen gehören. Die Stickstoffdüngung muß daher auf den Bestand abgestimmt sein. Hohes Angebot ist nur gerechtfertigt, wenn auch leistungsfähige Arten wie Deutsches Weidelgras, Knaulgras, Wiesenlieschgras im Bestand vorhanden sind, die dieses Angebot in hochwertiges Futter umsetzen können. Wenn diese Arten fehlen, können sich minderwertige Stickstoffzehrer wie Quecke, Einjährige Rispe, Wolliges Honiggras und andere im Bestand ausbreiten und zum Problem werden.

Die Stickstoff-Düngung muß auch auf die Nutzung abgestimmt sein. Denn gesteigerte N-Gaben führen durch Lichtmangel in den wüchsigen Beständen zur Narbenauflockerung und begünstigen die Einwanderung N-dankbarer Lückenfüller, zu denen schwierige Unkräuter wie der Stumpfblättrige Ampfer gehören. Erhöhte N-Gaben müssen daher in der Regel mit einer erhöhten Schnitthäufigkeit einher gehen.

Tabelle 1: Artengruppenanteile (%) bei differenzierter Bewirtschaftung einer Glatthaferwiese

	ungedüngt; 1 bis 2 Nutzungen	kein Stickstoff, gute PK-Versorgung; 3 Nutzungen	90 kg N/ha/Jahr, gute PK-Versorgung; 3 Nutzungen
Gras	72,0	70,0	78,0
Kraut	20,0	12,0	12,0
Klee	8,0	18,0	10,0
Artenzahl	39,0	38,0	38,0
Wertzahl	4,30	5,4	5,3
Ertrag (dt Tm/ha)	32,8	67,3	90,5
Energie-Ertrag (GJ NEL/ha)	17,1	37,7	48,0

Abb. 1: *Ungedüngtes Grünland zeichnet sich meist durch bunten Blühaspekt und hohen ökologischen Wert aus. Der landwirtschaftliche Wert solcher Bestände ist meist gering.*

Folgelieferung September '98

Gesteigerte N-Gaben begünstigen hauptsächlich Gräser (Tabelle 1). Ihr Ertragsanteil nimmt zu Lasten der Klee-Arten zu, die durch hohes N-Angebot nahezu vollständig verdrängt werden können. Damit wird nicht nur auf den hohen Futterwert dieser Artengruppe verzichtet, sondern auch auf ihre biologische Bindung von Luftstickstoff. Der Umfang der N-Fixierungsleistung von Grünland-Leguminosen ist nur schwer exakt zu bestimmen und schwankt in einer weiten Spanne. Sie wird beeinflußt von der Temperatur und der Feuchtigkeit, aber auch vom Angebot mineralisierten Stickstoffs aus der Düngung oder mineralisierten organischen Bodenbestandteilen. Als Faustzahl für die biologische N-Fixierung von Weißklee je Hektar Dauergrünland können zwei bis fünf kg N je Prozent Weißklee unter ungünstigen beziehungsweise günstigen Bedingungen gelten.

Phosphat und Kali

Phosphatdüngung wirkt sich unter den Bedingungen Mitteleuropas weniger auf den Futterertrag aus, als auf die Bestandszusammensetzung und die Inhaltstoffe. Durch die Förderung des Leguminosenanteils wird Phosphatdüngung daher in erhöhter Futterqualität wirksam. Erhöhte P-Gehalte des Futters kommen jedoch hauptsächlich durch größere Anteile von Kräutern zustande, die sich durch höhere P-Konzentrationen auszeichnen als Gräser. Der P-Bedarf der Weidetiere dürfte jedoch auch bei ausgewogener P-Düngung aus dem Grünlandaufwuchs nicht ganz gedeckt werden.

Da einerseits die Kaliumnachlieferung mancher Böden (Sand- und Moorböden) sehr begrenzt ist und andererseits mit dem Erntegut, besonders von Wiesen, erhebliche Kali-Mengen entzogen werden, gehen von der Kalidüngung zum Teil beträchtliche Wirkungen auf den Pflanzenertrag und die Bestandszusammensetzung aus. Wegen ihres im Vergleich zu anderen Artengruppen geringen K-Aneignungsvermögens werden vor allem Leguminosen durch Düngung gefördert.

Stärker als der P-Gehalt der Pflanzen kann der K-Gehalt durch Düngung erhöht werden. Erhöhte K-Gehalte können aber die Aufnahme und Resorption von Natrium und Magnesium durch das Weidetier beeinträchtigen. Vor allem bei Natrium- und Magnesium-Mangel im Boden kann eine überhöhte K-Gabe Mineralstoffungleichgewicht bewirken, das zu den Ursachen für die Auslösung von Weidetetanie zu zählen ist.

Wegen ihrer positiven Wirkung auf Futterwert und Bestandszusammensetzung wird die PK-Düngung im Gegensatz zur ertragsfördernden Stickstoffdüngung auch als Qualitätsdüngung bezeichnet. Ihr positiver Einfluß auf den Gesamtpflanzenbestand kommt unter anderem in der Bestands-Wertzahl zum Ausdruck (Tabelle 1), die sich aus den WZ (siehe Teil 1) der Bestandsbildner ergibt. Ausgewogene PK-Versorgung führt im Vergleich zur ungedüngten Fläche zu höherem Kleeanteil und wertvolleren Gräsern. Der Futterwert wird verbessert und der Ertrag verdoppelt.

Wirtschaftsdünger

Wirtschaftsdünger enthalten alle für das Pflanzenwachstum notwendigen Nährstoffe und stellen deshalb echte Volldünger dar. Stickstoff, Phosphat und Kali sowie die übrigen Mineralien und Spurenelemente sind je nach Düngerform, Fütterung und beigefügten Mengen an Stroh und Wasser in unterschiedlichen Konzentrationen enthalten. Sie schwanken in weiten Bereichen. Durchschnittliche Gehalte können der Tabelle 2 entnommen werden. Die Nährstoffe sind zu mehr oder weniger großen Teilen in der organischen Substanz der Dünger gebunden und erst nach deren Mineralisation pflanzenverfügbar. Wirtschaftsdünger zeichnen sich daher im Vergleich zu Mineraldüngern durch eine verzögerte Anfangs- und bessere Langzeitwirkung aus. Sie wirken nachhaltiger, weil sich ihre breite Nährstoff-Palette direkt günstig auf das Pflanzenwachstum auswirkt. Bei sachgerechter Anwendung begünstigt ihre organische Substanz die Bodenstruktur und das Bodenleben zusätzlich.

Jauche

Jauche besteht meistens nicht nur aus Harn, sondern enthält mehr oder weniger große Mengen Mist-Sickersaft und Wasser. Bei ganzjähriger Stallhaltung fallen etwa 5 bis 6 m^3/GV/Jahr an. Jau-

Folgelieferung September '98

Tabelle 2: Durchschnittliche Nährstoffgehalte in Jauche, Mist und Gülle								
	TS	N	P_2O_5	K_2O	CaO	MgO	Cu	
Jauche **in 10 m³**		2 20	0,1 1	6 60			0,0004 0,04	kg/m³ kg
Rindermist	25%	0,6	0,4	0,7	0,64	0,19	0,009	%
Schweinemist **in 100 dt (Rd)**	25%	0,76 60	0,85 40	0,54 70	0,8 64	0,26 19	0,06 0,9	% kg
Rindergülle	10%	4,6	2,4	5,6	2,5	0,7	0,005	kg/m³
Schweinegülle **in 10 m³ (Rd)**	10%	8,6 46	5,8 24	5 56	5,5 25	1,8 7	0,04 0,05	kg/m³ kg

che enthält mittlere Stickstoff-Mengen und ist reich an Kali. Die Nährstoffe sind kaum organisch gebunden und deshalb unmittelbar pflanzenverfügbar. Dieser Wirtschaftsdünger eignet sich daher besonders zur Behebung akuten Stickstoffmangels, wie er nach naßkalter Witterung mit verminderter Mineralisation eintreten kann. Weil die festen Ausscheidungen in der Jauche weitgehend fehlen, enthält sie nur wenig Phosphat.

Jauche-Stickstoff besteht zu etwa neunzig Prozent aus Ammonium-Stickstoff und unterliegt damit erhöhtem Verdunstungsrisiko. Um gasförmige Verluste und Ätzschäden zu vermeiden, sollte Jauche vor der Ausbringung auf Grünland mit Wasser im Verhältnis 1:3 verdünnt werden. Bei regelmäßiger Jauchedüngung ist unbedingt auf einen P-Ausgleich zu achten, der auch durch die Kombination mit Stallmist zu erreichen ist.

Stallmist

Sowohl die Menge anfallenden Mistes wie dessen Nährstoffgehalte hängen ganz wesentlich von der eingestreuten Strohmenge ab. Bei ganzjähriger Rinder-Stallhaltung und mittlerer Einstreu ist von etwa 100 dt/GV/Jahr auszugehen. Trotz der zum Teil beträchtlichen Nährstoffgehalte ist Stallmist überwiegend ein Bodendünger. Sein günstiger Einfluß auf den Humusgehalt und die Bodenstruktur kommt im Ackerbau deshalb viel stärker zur Wirkung als auf Grünland. Bei der Grünlanddüngung muß besonders auf hohen Verrottungsgrad geachtet werden. Nur dann läßt sich der Mist gleichmäßig verteilen und Narbenschäden durch Bedeckung werden verhindert. Im Spätherbst oder im zeitigen Frühjahr ausgebracht, schützt eine Stallmistgabe besonders in höheren Lagen empfindliche Gräser vor Frost und sorgt durch seine dunkle Farbe für raschere Erwärmung und zeitigeren Austrieb.

Bei der Mistrotte wird Stickstoff durch pilzliche und bakterielle Abbauprozesse in hochmolekulare Huminsäuren eingebunden. In dieser umweltverträglichen Form ist er vor Ausgasung und Auswaschung weitgehend geschützt. Vor der Aufnahme durch die Pflanze müssen diese organischen Verbindungen jedoch mineralisiert werden. Dies kommt auch im Ergebnis eines Feldversuches zum Ausdruck, das in Abbildung 2 dargestellt ist. Bei ausgewogener PK-Versorgung wurden mit 150 dt Stallmist/ha im zeitigen Frühjahr gleiche Stickstoffmengen ausgebracht wie mit 20 m^3 Gülle. Die Ertragsüberlegenheit der Güllevariante war im ersten Aufwuchs am größten. Dies dürfte darauf zurückzuführen sein, daß etwa die Hälfte des Gülle-Stickstoffs als Ammonium und somit in pflanzenverfügbarer Form vorliegt.

In hygienischer Hinsicht gehen von Stallmist, vor allem für Weidetiere, vergleichsweise geringe Risiken aus. Die von den Tieren ausgeschiedene Keime werden durch Temperaturen von 60 bis 70°C während der Rotte weitgehend abgetötet. Auch der im allgemeinen große zeitliche Abstand zwischen Düngung und Nutzung wirkt sich dabei positiv aus.

Gülle

In der Gülle sind neben festen und flüssigen Exkrementen meist geringe Anteile Einstreu und mehr oder weniger große Mengen Wasser enthalten. Der Trockenmasse-Gehalt und damit auch die absoluten Nährstoffgehalte schwanken in weiten Bereichen. In Tabelle 2 sind durchschnittliche Nährstoffgehalte genannt. Für die Bemessung der Düngermenge sind sie jedoch ungeeignet. Gezielter Gülleeinsatz setzt regelmäßige Nährstoffanalysen voraus. Rindergülle enthält alle für den Futterwuchs notwendigen Nährstoffe in einem günsti-

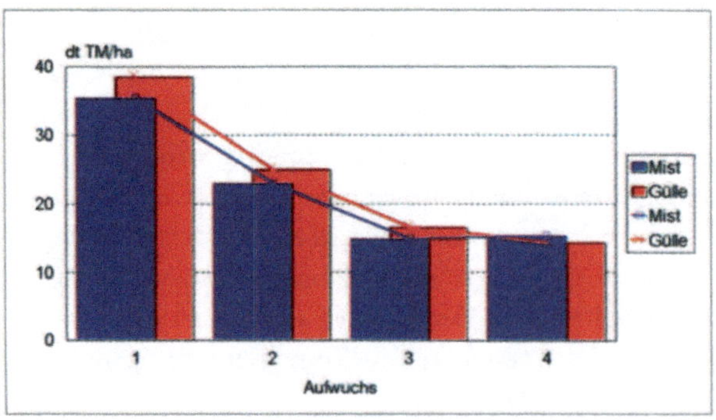

Abb. 2: *Grünlandertrag bei Düngung mit Mist und Gülle*

Folgelieferung September '98

Tabelle 3: Überlebensraten (Tage) verschiedener Salmonellenarten in Gülle (verändert nach Philipp, 1985)

	Rindergülle	Kälbergülle	Schweinegülle
Salmonella dublin	49	12	39
Salmonella typhimurium	177	29	39
Salmonella paratyphi B	157	22	39
Salmonella anatum	210	26	47
Salmonella manchester	180	33	47
pH	7,0 - 7,7	9,0 - 9,4	7,5 - 8,0

gen Mineralstoffverhältnis. Insofern ist sie als idealer Grünlanddünger zu betrachten.

Da die Lebensdauer ausgeschiedener Krankheitserreger begrenzt ist, hat ordnungsgemäße Güllelagerung eine erhebliche keimabtötende Wirkung. Risiken gehen von der Keimbelastung frischer Gülle aus. Wie in Tabelle 3 am Beispiel einiger Salmonellenarten ersichtlich ist, sollte die Lagerdauer aus hygienischen Gründen mindestens ein halbes Jahr betragen. Die kürzere Lebensdauer der Bakterien in Kälber und Schweinegülle ist auf den höheren pH-Wert zurückzuführen. Gezielte pH-Wert-Erhöhung durch die Zugabe von Kalk kann im Bedarfsfalle zur Gülle-Entseuchung genutzt werden.

Während der Lagerung wird Gülle einer anaeroben Gärung unterzogen, in deren Verlauf organische Verbindungen mineralisieren und pflanzenschädigende Stoffwechselprodukte entstehen. Bei mindestens sechsmonatiger Lagerung werden diese Zwischenprodukte jedoch weitgehend abgebaut und die Gülle ist wesentlich pflanzenverträglicher.

Vor der Ausbringung muß ausgereifte Gülle intensiv verrührt werden, um Bodenschicht und Schwimmdecke zu durchmischen. Nur nach ausreichender Homogenisierung ist eine gleichmäßige Nährstoffverteilung auf dem Grünland zu erreichen.

Etwa fünfzig Prozent des Gülle-Stickstoffs liegt als Ammonium-Stickstoff vor. Bei warmer Witterung besteht für diesen Teil die Gefahr der Ammoniak-Ausgasung. Untersuchungen haben ergeben, daß unter ungünstigen Bedingungen (hohe Temperatur, Wind, kleintropfige Breitverteilung) praktisch der gesamte Ammonium-Stickstoff an die Atmosphäre verloren gehen kann. Dies stellt einen erheblichen Nährstoffverlust dar und eine unverantwortliche Umweltbelastung dazu.

Um Nährstoffverluste und Umweltbelastungen durch Gülle zu vermeiden sind die alten Gülleregeln auch heute noch von hoher Aktualität:

- Gülledüngung sollte bei kühler Witterung und bedecktem Himmel durchgeführt werden, am besten bei leichtem Nieselregen.
- Einzelgaben sollten nicht größer sein als 20 oder besser 15 m^3/ha, um einerseits schädliche Pflanzenbedekkung zu vermeiden und andererseits zu tiefes Eindringen der Nährstoffe in den Boden zu verhindern. Denn dort stehen sie nur noch Tiefwurzlern zur Verfügung und fördern die Entstehung der Gülleflora (Ampfer, Wiesenkerbel, Bärenklau, Löwenzahn und andere).
- Gülle sollte im zeitigen Frühjahr zu Vegetationsbeginn gegeben werden, oder unmittelbar nach einer vorangegangenen Nutzung. Auf diese Weise wird Blattverschmutzung vermieden und schnelles Eindringen in den Boden begünstigt. Kommt es dennoch zu Gülleverkrustungen am Blatt, ist es sinnvoll, diese mit der Schleppe zu beseitigen, sobald die Pflanzen abgetrocknet sind.
- Wasserzusatz zur Gülle verbessert deren Fließfähigkeit, begünstigt das Abtropfen vom Blatt, wirkt Verkrustungen entgegen, beschleunigt das Eindringen der Nährstoffe in den Boden und wirkt so gasförmigen N-Verlusten entgegen.

Bodennahe Ausbringung kann witterungsbedingte Stickstoffverluste bei der Gülledüngung deutlich reduzieren. Besonders effizient in dieser Hinsicht ist der Gülledrill. Mit diesem Verfahren wird Gülle direkt in den Boden einge-

Abb. 3: *Gräser sind die Hauptbestandsbildner des Wirtschaftsgrünlandes. Auf intensiv bewirtschafteten Flächen liefern sie etwa 80% des Ertrages.*

bracht und N-Verluste werden weitgehend vermieden. Die sehr aufwendige und schwere Technik kann jedoch nur auf pflugfähigen Böden eingesetzt werden und scheidet daher für das Grünland der meisten Mittelgebirgslagen aus. Die mit dem Verfahren einhergehende Bodenverdichtung und die Narbenverletzung durch Radschlupf und Drillschare können Probleme mit Lückenfüllern wie Ampfer, Löwenzahn und anderen verursachen. Ähnliches gilt für die verschiedenen Ritzverfahren, die die Narbe teilen, bevor sie die Gülle ablegen.

Einen guten Kompromiß stellt die Schleppschlauchverteilung dar. Sie legt die Gülle in Streifen direkt auf den Boden ab, ohne die Narbe zu verletzen. Die Technik ist weniger aufwendig und teuer als Drill- und Ritzverfahren, und sie läßt sich auch auf flachgründigen Standorten einsetzen.

Wie aus Abbildung 4 ersichtlich wird, sorgt die bodennahe Gülle-Ablage dafür, daß Ammoniakverluste gegenüber der herkömmlichen Breitverteilung deutlich herabgesetzt werden. Der Effekt ist bei der Düngung des zweiten und dritten Aufwuchses im Frühsommer und Sommer am größten. Im Februar oder März, bei noch niedrigen Temperaturen, ist die Ammoniakausgasung auch bei Breitverteilung klein, und entsprechend gering ist auch der Unterschied in der Ertragswirkung beider Verteilungen. Abbildung 4 zeigt diesen Zusammenhang als Ergebnis eines vierjährigen Feldversuches. Zu den jeweils drei ersten Aufwüchsen wurden je 20 m^3 Rindergülle mit zusammen rund 200 kg Gesamtstickstoff sowohl mit Breitverteilung als auch mit Schleppschlauchverteilung gegeben. In der beachtlichen Ertragsüberlegenheit der Schleppschlauch-Variante gegenüber der Pralltteller-Variante von 22 und

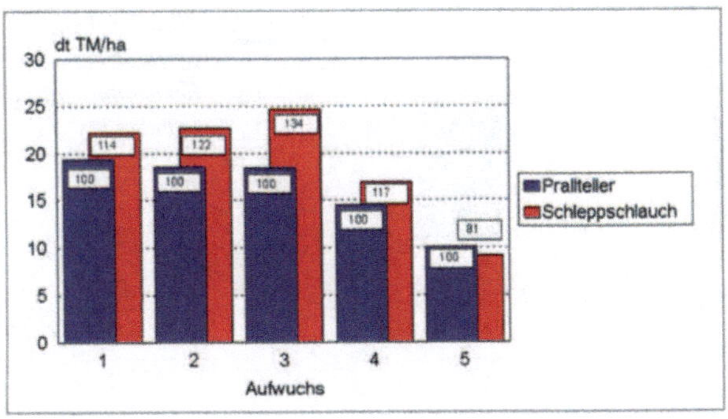

Abb. 4: *Grünlandertrag in Abhängigkeit von der Gülleverteilung (Mittel aus vier Versuchsjahren)*

Folgelieferung September '98

34 Prozent in den Sommeraufwüchsen wird die in verminderten Ammoniakverlusten begründete, bessere Stickstoffwirkung bei bodennaher Ausbringung deutlich.

Kompost

Gut verrotteter Kompost kann auf Grünland jederzeit ausgebracht werden. Neben der Nährstoffwirkung wird wie beim Stallmist durch die dunkle Färbung vor allem im Frühjahr eine Veränderung des Wärmehaushaltes spürbar, die sich in einem früheren Vegetationsbeginn niederschlägt. Eine ganz wesentliche Komponente der Kompostdüngung, die Förderung des Bodenlebens durch Anreicherung des Boden mit organischer Substanz, kommt auf Grünland allerdings kaum zur Wirkung. Denn einerseits kann der Kompost nicht in den Boden eingearbeitet werden und andererseits ist die mikrobiologische Aktivität in Grünlandböden in der Regel grundsätzlich wesentlich höher als in Ackerböden.

Auf einen Teil der positiven Kompostwirkungen wird bei dessen Verwendung auf Grünland daher sicher verzichtet.

Ein bisher dreijähriger Feldversuch hat im Vergleich zu Mineraldüngern eine Ertragswirkung der im Kompost enthaltenen Nährstoffe von 90 bis 95 Prozent ergeben (Abb. 5). Dabei scheint es unerheblich zu sein, ob die Düngung jährlich erfolgt, oder in jedem zweiten Jahr die doppelte Menge ausgebracht wird. Veränderungen des Pflanzenbestandes wurden bisher nicht beobachtet. Sie sind bei gut verrottetem Material und Höchstgaben von 20 t jedes zweite Jahr auch nicht zu erwarten. Eine Siebung auf zehn Millimeter Korngröße sorgt für einfache Handhabung und geringe Verschmutzung.

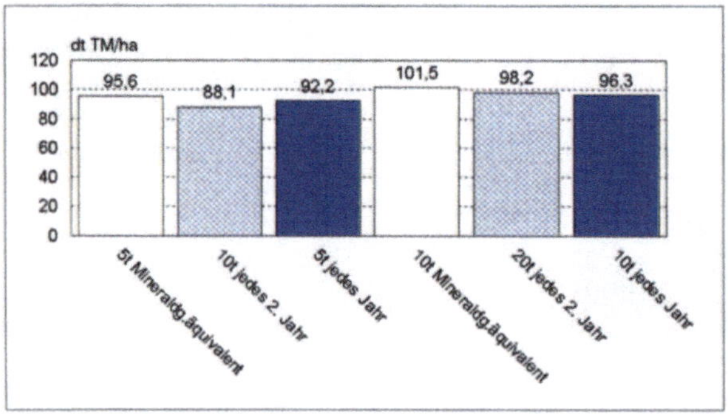

Abb. 5: *Ertragswirkung verschiedener Kompostmengen auf Grünland*

Nutzung

Unter den geographischen und klimatischen Bedingungen Mitteleuropas sind vor allem durch das Schossen der Gräser im Zeitraum von Mitte Mai bis Mitte Juni die höchsten täglichen Zuwachsraten zu verzeichnen (Abb. 6). Eine erste Nutzung vor dieser wüchsigen Phase hat in der Regel Einbußen beim Jahresertrag zur Folge. Die wüchsigste Periode des Jahres wird abgelöst durch die Sommerdepression, gefolgt von einem zweiten, aber deutlich abgeschwächten Maximum im Herbst. In der Abstimmung dieses ungleichmäßigen Futterangebotes und des Futterbedarfs besteht die Kunst der erfolgreichen Grünlandbewirtschaftung. Als mögliche Instrumente der Anpassung steht neben einer gestaffelten Stickstoffdüngung vor allem die Kombination verschiedener Nutzungsformen zur Verfügung.

Weide

Weideführung ist die natürlichste Form der Fütterung von Nutztieren. Sie verlangt allerdings Fingerspitzengefühl des Grünlandwirtes, wenn stets wertvolles Weidefutter zur Verfügung stehen und die Weidebestände auf Dauer leistungsfähig bleiben sollen. Ein Hauptproblem der Weideführung besteht in der Verteilung des Frühjahrs-Futterberges (Abb. 6). Auf reinen Weiden können Futterüberschüsse nicht konserviert werden. Dort ist es aber möglich, mit gezielter Vorweide die Ertragsentwicklung so zu beeinflussen, daß überständige Weidekoppeln mit beeinträchtigter Futteraufnahme und -ausnutzung weitgehend vermieden werden können.

Unter Vorweide wird die Überweidung eines noch nicht weidereifen Bestandes verstanden. Sie erfolgt im zeitigen Frühjahr stundenweise oder mit höchstens ein- bis zweitägiger Freßzeit.

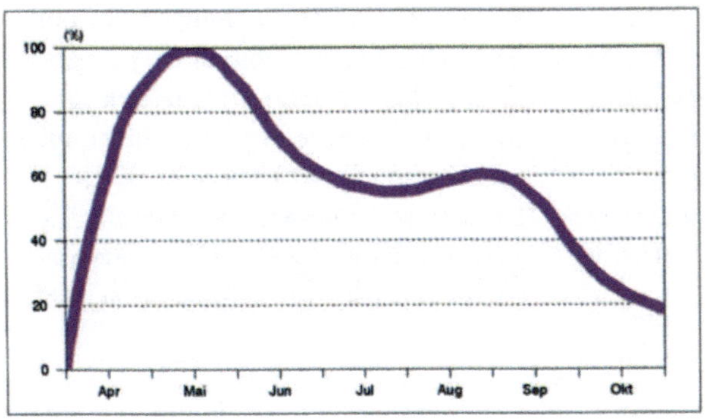

Abb. 6: *Ertragswirkung verschiedener Kompostmengen auf Grünland*

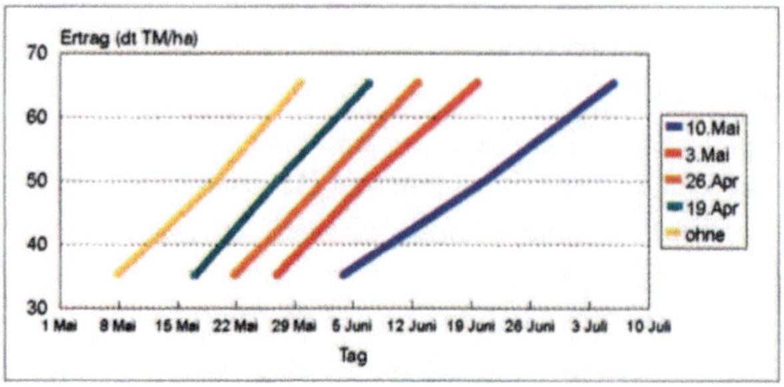

Abb. 7: *Auswirkung des Termins der Vorweide auf die Ertragsentwicklung des ersten Aufwuchses (nach* BECKHOFF)

Die eigentliche Fütterung erfolgt noch im Stall. Neben der gewünschten Entwicklungsverzögerung der Weidekoppeln wird damit auch eine Vorbereitung der Tiere auf die bevorstehende Weideperiode erreicht. Das Ausmaß der Entwicklungsverzögerung ist vom Zeitpunkt und der Dauer der Vorweide abhängig. Je später sie erfolgt, um so stärker wird die Bestandsentwicklung verzögert, weil die Vorweide zunehmend einem tatsächlichen ersten Weidegang entspricht. Abbildung 7 zeigt, daß ohne Vorweide ein Futterertag von 50 dt TM/ha etwa am 20. Mai erreicht wurde. Nach Vorweide am 19. April wurde diese Schwelle am 27. Mai erreicht und nach Vorweide am 26. April dauerte es bis zum 1. Juni, ehe 50 dt TM/ha gewachsen waren. Mit gezielter Vorweide und verhaltener Düngung ist es möglich, auch die in der Weiderotation letzten Koppeln nicht überständig werden zu lassen.

Die Weidereife ist erreicht, wenn der Aufwuchs einen TS-Gehalt von 18 Prozent erreicht hat und einen Rohfasergehalt von 20 bis 25 Prozent aufweist. Dies ist im nicht vorgeweideten ersten Aufwuchs in der Regel zum Zeitpunkte der Löwenzahnblüte der Fall. Der Pflanzenbestand ist dann etwa 20 cm hoch. Rechtzeitiger Auftrieb ist eine wichtige Voraussetzung für eine gute Futterausnutzung auf der Weide. Überständiges Futter wird von den Tieren schlecht aufgenommen. Die Selektionswirkung nimmt zu, der Weiderest wächst und die Tiere reagieren mit Leistungseinbußen.

Optimale Futterausnutzung ist mit dem *Portionsweide*-Verfahren zu realisieren. Dabei werden mit dem Elektrozaun täglich neue Portionen (oder auch Halbtagsportionen) zugeteilt. Diese müssen so bemessen sein, daß alle Tiere satt werden und wenig Weiderest entsteht. Je nach Aufwuchsmenge sind 80 bis 100 m^2/Tier zu veranschlagen. Unter diesen Bedingungen können die höchsten Flächenleistungen realisiert werden, was für Betriebe mit knapper Flächenausstattung von Bedeutung sein kann. Wichtiger Nachteil des Verfahrens ist der hohe Arbeitsaufwand für die tägliche Flächenzuteilung. Auch die Einzeltierleistung bleibt gegenüber den anderen Weideverfahren zurück. Die Besatzdichte (Anzahl Tiere pro zugeteilter Weidefläche) auf Portionsweiden ist außerordentlich hoch. Deshalb kann es bei feuchter Witterung auf tiefgründigen Böden notwendig werden, die Herde nach dem Fressen in den Stall zurückzuholen, um eine Zerstörung der Narben durch den Tritt der Tiere zu verhindern.

Wesentlich weniger arbeitsaufwendig ist die traditionelle *Umtriebsweide*. In diesem System werden sechs bis zehn mehr oder weniger gleich große Weidekoppeln so eingeteilt, daß sie nacheinander beweidet werden können. Die Koppelgröße ist so zu bemessen, daß die Tiere dort nicht länger als fünf bis sechs Tage grasen. Ist die Auftriebszeit länger, wird der junge Nachtrieb erneut verbissen. Viele leistungsfähige Arten besonders des Mittelgebirgsgrünlandes vertragen das jedoch nicht und sind auf eine Ruhephase nach jeder Nutzung angewiesen. Nachteilige Veränderungen der Pflanzenbestände können die Folge sein. Leistungsfähige Umtriebsweiden zeichnen sich daher durch einen ausgeprägten Wechsel von Freß- und Ruhephasen aus. Die Selektionswirkung ist deutlich größer als auf Portionsweiden und muß ständig beobachtet werden, um rechtzeitig gezielte Pflegemaßnahmen einleiten zu können (siehe unten).

Als weiteres eigenständiges Weideverfahren ist die *Mähstandweide* zu nennen. Es handelt es sich hierbei um ein

Abb. 8: *Bei der arbeitsaufwendigen Portionsweide wird täglich neue Weidefläche zugeteilt. Futterverluste sind gering und die Flächenleistung ist entsprechend hoch.*

abgewandeltes Standweideverfahren. Die gesamte Weidefläche stellt eine einzige große Koppel ohne Unterteilung dar, auf die im Frühjahr aufgetrieben wird und auf der die Tiere bis zum Herbst bleiben, ohne daß ein Umtrieb erfolgt. Anders als bei der traditionellen Standweide wird jedoch der Futterüberschuß im Frühjahr durch Schnittnutzung abgeschöpft. Dazu muß der für die Schnittnutzung vorgesehene Teil mit dem Elektrozaun zunächst abgetrennt und nach der Konservierung der Weide wieder zugegeben werden. Wesentliche Vorteile dieses Weideverfahrens sind die mit dem wegfallenden Umtrieb verbundene Arbeitseinsparung und die sehr ruhige Herde. Dazu kommen Kosteneinsparung durch fehlende Unterkoppelung und gleichbleibende Futterqualität, weil der Weideaufwuchs bei richtigem Besatz stets weidereif ist. In der Einstellung des richtigen Viehbesatzes oder der Abschätzung des Schnittanteils zur Konservierung besteht das Hauptproblem der Mähstandweide. Ist der Besatz zu niedrig oder der Schnittanteil zu klein, nehmen Selektionswirkungen, Geilstellenanteil und Pflegebedarf zu. Auf Futterknappheit reagieren die Tiere meist nicht mit Unruhe und Brüllen wie es auf Umtriebs- oder Portionsweiden zu beobachten ist. Die an niedrige Bestände gewöhnten Tiere bleiben ruhig und reagieren mit Leistungseinbuße. Erfolgreiche Mähstandweide setzt daher mehr als andere Weideverfahren aufmerksame Beobachtung von Vieh und Narbe voraus. Der ständige Verbiß wird uneingeschränkt nur vom Deutschen Weidelgras vertragen. Auf weidelgrasunsicheren Standorten ist die Mähstandweide daher der traditionellen Umtriebsweide oder Mähweide im Hinblick auf die Flächenleistung um etwa zehn bis 15 Prozent

Abb. 9: *Auf der Mähstandweide verteilen sich die Tiere auf großer Fläche. Die Herde zeichnet sich durch besondere Ruhe aus. Schwankungen der Futterqualität, wie sie auf der Umtriebsweide unvermeidbar sind, treten hier nicht auf*

unterlegen (Voigtländer, 1976). Auch die Bildung von Futterreserven etwa für Trockenperioden ist ungleich schwerer als auf der herkömmlichen Mähweide.

Mähweide

Der Zeitpunkt und die Art der Nutzung des ersten Aufwuchses (Beweidung, Siloschnitt oder Heuschnitt) entscheidet ganz wesentlich über die Entwicklung und die Zusammensetzung eines Grünlandbestandes. Deshalb ist es für die botanische Entwicklung kaum ein Unterschied, ob eine Fläche, deren erster beziehungsweise erster und zweiter Aufwuchs in jedem Jahr konserviert wird, danach beweidet wird oder nicht. In beiden Fällen wird sich ein von der Schnittnutzung geprägter Pflanzenbestand entwickeln.

Im Unterschied dazu zeichnet sich die Mähweide durch einen regelmäßigen Wechsel von Schnitt- und Weidenutzung aus. Dabei kommt es darauf an, daß wenigstens gelegentlich, jedes zweite oder dritte Jahr, auch der Frühjahrsaufwuchs beweidet wird. Denn nur so lassen sich die Vorzüge einer dichten Weidenarbe mit dem hohen Ertragspotential einer Schnittnutzung in der produktivsten Form der Grünlandnutzung vereinen.

Welch großen Einfluß die Frühjahrsnutzung auf die Bestandszusammensetzung hat, kann der Abbildung

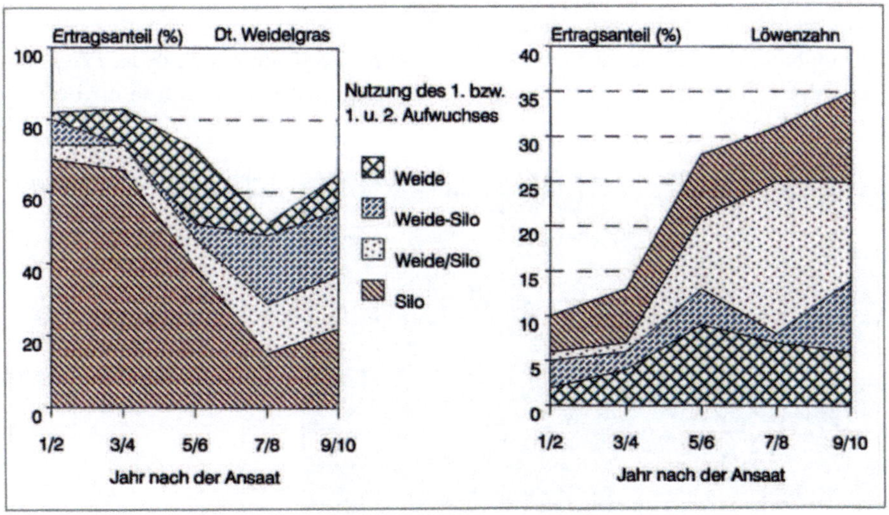

Abb. 10: *Einfluß der Frühjahrsnutzung auf die Bestandszusammensetzung*

10 entnommen werden. Zunehmende Schnittwirkung, ausgehend von ausschließlicher Beweidung (Weide) über Schnitt des zweiten Aufwuchses (Weide-Silo) und jährlichen Wechsel zwischen Schnitt und Beweidung (Weide/Silo) bis zu regelmäßigem Schnitt des ersten Aufwuchses (Silo) führt zu immer kleineren Ertragsanteilen von Deutschem Weidelgras. Ähnlich reagieren auch die anderen leistungsfähigen Gräser auf wiederholten Siloschnitt, wobei das Deutsche Weidelgras mit Abstand am schnittempfindlichsten ist. Die Ursache liegt in der Physiologie der Pflanzen. In der Phase des Rispenschiebens, also nach Erreichen der Siloreife, sind die Wachstumsreserven der Gräser in Form löslicher Kohlenhydrate weitgehend erschöpft. Sie werden während der Entwicklungsabschnitte Blüte und Samenreife für den Wiederaustrieb neu angelegt. Erfolgt der Konservierungsschnitt wiederholt in dieser empfindlichen Phase, werden die leistungsfähigsten Arten am stärksten zurückgedrängt und andere treten an ihre Stelle. Meist handelt es sich um Lückenfüller, die sich der Schnittnutzung anpassen können. Das ist zum Beispiel Kriechhahnenfuß auf feuchten Standorten, oder Löwenzahn, der regelmäßig geschnittene Flächen Anfang Mai in ein leuchtendes Gelb taucht. Auch die Quecke kann Narbenlücken bei regelmäßigem Siloschnitt schließen.

Im regelmäßigen Wechsel der Nutzung des ersten Aufwuchses besteht ein wirksames Instrument, die Narben dicht zu halten und so die Leistungsfähigkeit von Dauergrünland zu sichern.

Wiese

Kennzeichnende Nutzung der Wiesen ist der regelmäßige Schnitt und die Ber-

Abb. 11: *Siloschnittnutzung (Hintergrund) führt im Vergleich zur Weidenutzung (Vordergrund) zur Narbenauflockerung und Einwanderung von Lückenfüllern.*

Abb. 12: *Schlagkräftige Erntetechnik kann auf feuchten Standorten zu bestandsverschlechternden Bodenverdichtungen führen.*

Abb. 13: *Silageernte auf feuchtem Boden kann erhebliche Narbenschäden verursachen. Bleiben sie sich selbst überlassen, sind Unkrautprobleme vorprogrammiert.*

Folgelieferung September '98

gung des Mähgutes. Um hochwertiges Grundfutter zu konservieren, wurde der späte Heuschnitt durch einen möglichst frühen Siloschnitt ersetzt. Besonders Auenböden sind jedoch Mitte Mai oft noch feucht und eigentlich nicht tragfähig. Dort führt moderne, schlagkräftige und meist schwere Technik zum Teil zu erheblichem Bodendruck und zu Verdichtungen. Anders als auf dem Acker sind solche Schäden auf Grünland aber nicht zu reparieren. Obendrein werden sie meist unterschätzt, weil sie nicht sofort zu erkennen sind. Erst nachdem sich Verdichtungszeiger wie Binsen, Kriechhahnenfuß oder auch die großen Ampferarten im Bestand ausbreiten und die Ertragsleistung ab-

Abb. 14: *Richtig eingestellt geht auch von modernen, leistungsfähigen Mähwerken kein direktes Risiko für die Bestandsentwicklung aus.*

nimmt, wird nach Ursachen geforscht und Bodenverdichtung dabei allzuoft übersehen.

Auch fehlerhafte Geräteeinstellungen können Ursachen für Bestandsverschlechterungen sein. So sollte die Schnitthöhe etwa sieben Zentimeter betragen. Bei kürzerer Stoppel werden wertvolle Gräser, die ihre Wachstumsreserven neben der Wurzel auch in der Halmbasis speichern (wie Deutsches Weidelgras, Knaulgras), erheblich geschädigt. Dabei gibt es kaum Unterschiede zwischen den verschiedenen Mähwerktypen. Bei richtiger Einstellung geht auch vom Kreiselmäher keine besondere Gefahr für die Narbe aus. Auch die übrigen Arbeitsgänge zur Futterkonservierung stellen zum Teil erhebliche Narbenbelastungen dar. Richtige Einstellungen von Zettern, Schwadern, Pressen und Ladewagen sind daher unbedingt notwendig, um Narbenschäden zu vermeiden.

Pflege des Grünlandes

Wesentlicher Teil der Grünlandpflege ist die Vermeidung von Bewirtschaftungsfehlern, um aufwendige und unsichere Reparaturen zu vermeiden. Darüber hinausgehende Standardpflegemaßnahmen zum Erhalt leistungsfähiger Grünlandnarben sind:

Walzen

Der in vergangenen Jahren grundsätzlich empfohlene Walzengang im Frühjahr sollte heute nur noch ganz gezielt eingesetzt werden. So zum Beispiel, wenn Bodenunebenheiten nach unsachgemäßer Herbstnutzung einzuebnen sind, oder Steine in den Boden gedrückt werden müssen. Auch hochgefrorene

Narben auf Moor- oder Anmoor-Böden oder traditionellen Heuwiesen sollten gewalzt werden. Der richtige Zeitpunkt ist, wenn der Boden noch formbar aber nicht mehr naß ist (Stiefelabdruck zu sehen, aber nicht naß). Auf den meisten Mineralböden würde die Walze heute mehr schaden als nützen, weil sie vielfach ohnehin schon stark verdichtet sind (siehe oben). Außerdem sind die bei traditioneller Heunutzung dominierenden und stärker zum »Hochfrieren« neigenden Obergräser in den meisten Siloflächen kaum vertreten.

Schleppen

Wiesen und Weiden müssen im Frühjahr geschleppt werden, um Maulwurfshaufen zu beseitigen. Damit werden Futterververschmutzungen durch Sand und Erde verringert, die den Rohaschegehalt von Silagen in schädliche Höhe treiben können. Mit den Maulwurfshaufen verschwinden Eintrittspforten für Samenunkräuter, für die sie nicht selten ein ideales Saatbeet darstellen. Die Erdhügel müssen zum Schleppen abgetrocknet sein, damit sie sich gut verteilen lassen und nicht verschmieren. Einfache Reifenschleppen eigenen sich ebenso wie spezielle Wiesenschleppen. Letztere haben jedoch meist den Vorteil, daß sie bedarfsgerecht »schonend« oder »scharf« eingestellt werden können. Ein scharfer Schleppenstrich ist im Frühjahr zur Auflockerung verfilzter Narben sinnvoll, angetrocknete Gülle sollte dagegen schonend von den Pflanzen gestreift werden.

Vorbeugende Nachsaat bei regelmäßigem Siloschnitt

Regelmäßiger Siloschnitt führt in aller Regel schon nach wenigen Jahren zu Narbenlückigkeit (siehe oben). Um die Zuwanderung minderwertiger Gräser und Kräuter zu verhindern, ist eine vorbeugende Übersaat von 5 kg/ha Deutschem Weidelgras sinnvoll. Die Übersaat erfolgt am besten nach dem ersten oder zweiten Schnitt in den Monaten Juni oder Juli (siehe Teil 3).

Nachmahd von Weiden

Auch bei ordnungsgemäßer Weideführung sind Selektionswirkungen nicht ganz zu vermeiden. Um dadurch verursachte Bestandsverschlechterungen auszuschließen und die narbenauflockernde Geilstellenwirkung zu begrenzen, ist es notwendig, auf Weideflächen mindestens einmal in der Mitte der Vegetationsperiode einen Reinigungsschnitt vorzunehmen. Am besten eignet sich dafür ein Schlegelmäher, der das Schnittgut zerkleinert und gleichmäßig auf der Schnittfläche verteilt. Die Schnitthöhe sollte acht bis zehn Zentimeter betragen. Mähwerke, die den Weiderest nicht zerkleinern oder ihn sogar auf Schwad legen (Kreiselmäher), können erhebliche Bedeckungswirkungen auslösen, die ihrerseits Narbenschäden verursachen. Bei großem Weiderest ist es sinnvoll, das Schnittgut zu zetten oder gar zu entfernen.

Mulchen vor Winter

Ein großer Teil des intensiv bewirtschafteten Dauergrünlandes zeichnet sich nicht zuletzt wegen regelmäßiger Bestandsergänzung durch hohe Ertragsanteile Deutschen Weildegrases aus. Diese Art ist jedoch auf Moorstandorten und in Mittelgebirgslagen auswinterungsgefährdet. Besonderes Risiko besteht für Bestände, die zu hoch in den Winter gehen und für üppige Geilstellen. Dort findet namentlich unter einer Schneedecke der Schneeschimmel (*Fusarium nivale*) günstige Entwicklungsbedingungen und kann erhebliche Ausfälle verursachen. Das Auswinterungsrisiko wird deutlich verkleinert, wenn die Bestände zum Vegetationsende eine Wuchshöhe von zwölf Zentimetern nicht überschreiten. Weidelgrasreiche Flächen sollten daher im Herbst gemulcht werden.

Unkräuter und -gräser

Unerwünschte Bestandsveränderungen sind meist Folge von Standortmängeln oder von Bewirtschaftungsfehlern. Die wichtigsten Voraussetzungen für leistungsfähige Narben sind daher geregelte Wasserverhältnisse, ausgewogene Düngung und aufeinander abgestimmte Nutzung und Pflege. Wo diese Voraussetzungen nicht zu erfüllen sind, werden gezielte Bekämpfungsmaßnahmen keine nachhaltige Wirkung haben und mehr oder weniger regelmäßig wiederholt werden müssen. Denn sie beseitigen nicht die Ursache, sondern setzen bei den Symptomen an.

Abb. 15: *Auch Narbenlücken nach Auswinterung werden wieder grün. Meist finden sich dort jedoch Lückenfüller wie Löwenzahn, Vogelmiere, Hirtentäschel und andere minderwertige Arten. Mulchen vor Winter kann hier vorbeugen helfen.*

Die Unterscheidung wertvoller Arten von Unkräutern und -gräsern ist in den Mischbeständen des Dauergrünlandes schwierig. Viele Wildpflanzenarten haben eine diätetische Wirkung. Sie werden gerne gefressen, tragen zur Mineralstoffversorgung der Tiere bei und beeinflussen die Futteraufnahme insgesamt positiv. Sie sind im Dauergrünland durchaus erwünscht. Allerdings kann sich ihre positive Wirkung umkehren, wenn die Ertragsanteile bestimmte Obergrenzen überschreiten. Dann werden positive Eigenschaften durch Mindererträge kompensiert, oder aber ein Überangebot an »Würzpflanzen« wirkt nachteilig auf die Futteraufnahme (versalzene Suppe). Zusammen mit einigen minderwertigen ansonsten aber unschädlichen Arten werden diese Pflanzen in der Gruppe der *fakultativen Unkräuter* oder *Ungräser* zusammengefaßt. Die wichtigsten Vertreter dieser Gruppe sind nachfolgend kurz charakterisiert:

Wiesenkerbel
(Anthriscus sylvestris, WZ 4)
ist nicht weidefest, Schnittnutzung und hohe N-Gaben wirken fördernd. Größere Ertragsanteile verzögern den Trocknungsverlauf bei Konservierung, besonders bei der Heubereitung und sind nicht selten Ursache für Schimmelnester.

Wiesenknöterich
(Polygonum bistorta, WZ 4)
kommt in feuchteren Lagen kühler Regionen vor. Da er sich vegetativ über Rhizome ausbreitet, kommt es zu nesterweisem Auftreten. Hoher Gerbstoffgehalt beeinträchtigt die Futteraufnahme und kann zur Verstopfung führen.

Bärenklau
(Herakleum sphondylium, WZ 5)
ist nicht weidefest, Schnittnutzung und hohe N-Gaben wirken fördernd. Bis zur Blüte werden die Blätter gerne gefressen.

Schafgarbe
(Achillea millefolium, WZ 5)
wird durch Schnittnutzung und N-Düngung begünstigt. In geringen Ertragsanteilen wirkt sie sich positiv auf die Futteraufnahme aus, größere Mengen, besonders nach Blütenstandsbildung werden verschmäht.

Spitzwegerich
(Plantago lanceolata, WZ 6)
wird seiner diätetischen Wirkung wegen bis zu Ertragsanteilen von zehn Prozent als positiv bewertet. Er profitiert von Narbenlücken und kommt daher auf Wiesen häufiger vor als auf Weiden.

Löwenzahn
(Taraxacum officinale, WZ 5)
ist ein Lückenfüller trockener Standorte. Ertragsanteile bis zehn Prozent werden

gerne gefressen. Darüber hinaus wird er zum Platzräuber mit erheblichen Bröckelverlusten bei der Konservierung.

Quecke
(Elymus repens, WZ 6)
profitiert von hohen N-Gaben bei niedriger Nutzungsfrequenz sowie von selektiver Unterbeweidung.

Ob eine Bekämpfung dieser Arten notwendig wird oder nicht, hängt davon ab, ob positive oder negative Wirkungen bei der vorgesehenen Nutzungsweise überwiegen und wie groß die Nachteile sind. Tabelle 4 faßt Bekämpfungsschwellen und mögliche Maßnahmen zusammen.

Grundsätzlich sind alle Maßnahmen als vorbeugende Unkrautbekämpfung

Tabelle 4: Fakultative Grünlandunkräuter und -Gräser

Art	bekämpfungswürdig ab	vorbeugende Maßnahmen	direkte Bekämpfung
Wiesenkerbel	5 Pflanzen/m²	Vermeidung hoher Wirtschaftsdüngergaben oder einseitiger Jauchedüngung	Beweidung vor Blütenstandsbildung,
Wiesenknöterich	5 Pflanzen/m²	Frühe Nutzung, am besten Beweidung	Frühe Nutzung
Bärenklau	10 Pflanzen/m²	Vermeidung hoher Wirtschaftsdüngergaben oder einseitiger Jauchedüngung	Beweidung vor Blütenstandsbildung,
Schafgarbe	15 Pflanzen/m²	Vermeidung hoher Wirtschaftsdüngergaben oder einseitiger Jauchedüngung	Beweidung,
Spitzwegerich	15 Pflanzen/m²	Beweidung vor Blütenstandsbildung, Vermeidung hoher Wirtschaftsdüngergaben oder einseitiger Jauchedüngung	Übersaat, Nachsaat
Löwenzahn	20 Pflanzen/m²	Beweidung Übersaat, Nachsaat	Frühjahrsbeweidung;
Quecke	Nester (40 %)	Vermeiden einseitig hoher N-Gaben; Übersaat, Nachsaat; Weidepflege	Zwischennutzung mit Welschem Weidelgras; Umbruch und Neuansaat

anzusehen, die auf den Erhalt dichter Narben ausgerichtet sind. Ihnen kommt im ökologischen Landbau besondere Bedeutung zu, weil die direkten Bekämpfungsmaßnahmen eine schnelle Korrektur der Bestandsentwicklung nicht garantieren. Dies gilt in besonderem Maße für die *absoluten Unkräuter* und *-gräser*, die in Grünlandbeständen in jedem Falle unerwünscht sind. Zu ihnen gehören:

Sumpfschachtelhalm
(Equisetum palustris, WZ -1)
ist die giftigste Grünlandpflanze, feuchter Standorte.

Binsen
(Juncus spp., WZ 1)
sind charakteristisch für nasse Standorte. Sie haben keinen Futterwert und werden durch Bodenverdichtungen im Vergleich zu wertvollen Arten begünstigt.

Sumpfdotterblume
(Caltha palustris, WZ -1)
ist eine Art grundwassergeprägter Standorte. Ihre Giftigkeit für Rinder geht im Heu nicht verloren.

Herbstzeitlose
(Colchicum autumnale, WZ -1)
kommt hauptsächlich auf feuchten Wiesen vor. Die Giftigkeit von Zwiebeln und Samen verliert sich mit der Konservierung nicht.

Stumpfblättriger/Krauser Ampfer
(Rumex obtusifolius/Rumex crispus, WZ 1)
kommen überwiegend auf frischen und feuchten Weiden vor. Hohe Wirtschaftsdüngergaben, verzögerte Nutzung und Bodenverdichtung wirken sich begünstigend aus. Die Pflanzen werden nur sehr jung aufgenommen.

Große Brennessel
(Urtica dioica, WZ 1)
wird durch hohes Stickstoffangebot und mangelhafte Weidepflege begünstigt. In getrocknetem Zustand wird sie gerne gefressen.

Distel
(Cirsium spp, WZ 0)
sind wertlose Lückenfüller.

Scharfer Hahnenfuß
(Ranunculus acer, WZ -1)
ist häufig auf feuchten Wiesen anzutreffen. Seine Giftigkeit geht durch die Konservierung verloren.

Rasenschmiele
(Deschampsia cespitosa, WZ 3)
ist ein wertloser Platzräuber, der von Weidetieren gemieden wird und auf ungepflegten Flächen beträchtliche Ertragsanteile erreichen kann.

Folgelieferung September '98

Ob diese Arten bekämpfungswürdig sind oder nicht, hängt von ihrem Mengenanteil im Bestand ab. Bekämpfungsschwellen und mögliche Maßnahmen sind der Tabelle 5 zu entnehmen.

Schädlinge des Dauergrünlandes

Von tierischen Schädlingen werden in der Regel nicht alle Pflanzenarten des Dauergrünlandes gleichermaßen ge-

Tabelle 5: Absolute Grünlandunkräuter und -gräser

Art	bekämpfungswürdig ab	vorbeugende Maßnahmen	direkte Bekämpfung
Sumpf-schachtelhalm	1 Pflanzen/m²	Regulierung der Wasserverhältnisse	Walzen bei 20 cm Wuchshöhe
Binsen	1 Pflanzen/m²	Vermeiden von Bodenverdichtungen	Regulierung der Wasserverhältnisse
Sumpf-dotter-blume	1 Pflanzen/m²	Regulierung der Wasserverhältnisse	Regulierung der Wasserverhältnisse
Herbst-zeitlose	2 Pflanzen/m²	Regulierung der Wasserverhältnisse	Regulierung der Wasserverhältnisse; Frühschnitt; Beweidung
Stumpf-blättriger/ Krauser Ampfer	3 Pflanzen/m²	Vermeiden hoher Stickstoffgaben sowie von Narbenverletzung und Bodenverdichtung; sorgfältiges Kompostieren von Futterresten und Stallmist mit	rechtzeitiges Ausstechen von Einzelpflanzen; Verhindern des Aussamens bei gleichzeitiger Nachsaat
Brenn-nessel	3 Pflanzen/m²	Vermeiden einseitiger Jauche- oder Gülledüngung; Weidepflege	Nachmahd von Weiden; Walzen von Bodenauflockerung, früher Schnitt
Distel	3 Pflanzen/m²	Weidepflege	Nachmahd von Weiden; Schnitt im Knospenstadium
Scharfer Hahnen-fuß	5 Pflanzen/m²	Vermeiden von Narbenlücken; Beweidung	Beweidung
Rasen-schmiele	5 Pflanzen/m²	keine Beweidung bei feuchtem Boden; Weidepflege	Auf Weiden tiefes Mulchen; auf Wiesen Umbruch mit Neuansaat

schädigt. Bevorzugt befallene Arten geben Raum frei, der von anderen gefüllt wird. So kommt es in gewissem Rahmen zu einer Kompensation der Schädigung. Im Grünlandboden kann daher etwa die zehnfache Anzahl mancher Insektenarten leben als im Ackerboden, ehe nennenswerte Schäden zu erkennen sind (KLAPP, 1971). Die wichtigsten Schädlinge und ihre Bekämpfungsmöglichkeiten sind nachfolgend aufgeführt.

Drahtwürmer

(Larven der Schnellkäfer, Elateridae)

fressen vorzugsweise an den Wurzeln von Schafgarbe, Wilder Möhre und Löwenzahn. Von dort greifen sie auch auf Straußgras, Weidelgras und Lieschgras über. Ihre direkte Bekämpfung auf Dauergrünland ist in der Regel nicht notwendig. Vor Umbruch für eine nachfolgende Ackernutzung oder auch zur Grünlandverbesserung können jedoch vorbeugende Maßnahmen notwendig sein, weil dort erhebliche Schäden auftreten können. Die Bekämpfungsschwelle wird bei etwa 50 Tieren je m^2 erreicht (im Acker fünf Exemplare). Zur Bekämpfung ist die Verfestigung des Oberbodens durch schwere Wiesenwalzen oder durch intensive Beweidung mit hoher Besatzdichte geeignet (KLAPP, 1971).

Die Wiesenschnake

(Tipula spp.)

bevorzugt für die Eiablage feuchte, humose Standorte mit lockerem Oberboden und höherem, lückigem Graswuchs. Ihre Larven treten daher massenhaft meist auf ungepflegtem Grünland auf. Gefressen werden vorzugsweise die Wurzeln wertvoller Arten wie des Weißklees und anderer Leguminosen sowie weiterer Gräser und Kräuter (KLAPP, 1971). Von stark befallenen Flächen läßt sich die abgebissene Narbe wie ein Teppich abrollen. Die Schadenschwelle liegt bei etwa 200 Larven je m^2 (Acker 40 bis 50). Als Vorbeuge- und Bekämpfungsmaßnahmen kommen neben dem ordnungsgemäßen Walzen humoser Standorte alle Maßnahmen in Betracht, die auf die Erhaltung oder Wiederherstellung dichter Narben ausgerichtet sind. Intensiver Beweidung ohne Zertreten der Narbe und sorgfältiger Weidenachmahd vor allem im Herbst kommt dabei besondere Bedeutung zu. Da sowohl Larven (Krähen, Stare) wie vollentwickelte Schnaken von Vögeln (Stare, Schwalben) gefressen werden, können sich Maßnahmen des Vogelschutzes günstig auswirken. Zu den natürlichen Feinden zählen auch Spitzmaus und Maulwurf.

Folgelieferung September '98

Feldmaus

Vor allem in geschlossenen Grünlandgebieten auf Standorten ohne Grundwassereinfluß kann die Feldmaus (*Microtus arvalis*) durch Fraß- und Wühlschäden die Grünlandnarben erheblich beeinträchtigen. Hauptsächlich lockere Extensiv-Narben werden befallen. Neben der regelmäßigen Beseitigung des Sichtschutzes durch Geilstellen und ungenutzte Ränder von Koppeln, Wegen, Gräben und Hecken, gehört die Förderung der zahlreichen natürlichen Feinde zu den möglichen Bekämpfungsmaßnahmen. Besonders wirkungsvoll ist das Aufstellen von Sitzstangen für Greifvögel. Diese sollten 1,50 bis 2,00 m hoch sein und in einem Abstand von 50 bis 80 m aufgestellt sein.

Maulwurf
(Talpa europea)

Vom Maulwurf verursachte Schäden gehen hauptsächlich von den aufgeworfenen Erdhaufen aus. Sie stellen einerseits Eintrittspforten für Samenunkräuter dar und tragen andererseits erheblich zur Futterverschmutzung bei. Sie kann Fehlgärungen bei Silagen hervorrufen, und sie belastet den Verdauungstrakt von Wiederkäuern. Als Bekämpfungsmaßnahmen kommen Walzen und Abschleppen im Frühjahr und gegebenenfalls nach weiteren Nutzungen in Frage. Das Schleppen dient dabei der Verminderung der Futterverschutzung, vor allem aber auch der Freilegung der bedeckten Grasnarbe und deren Regeneration um Verunkrautung zu verhindern. Die sicherste direkte Bekämpfung des Maulwurfs ist der Fang mit Fallen, die in die Gänge eingebracht werden.

Literatur

Eine kurze Literaturliste findet sich am Ende von Teil 3.

Sektion 04, Ökologische Nutztieraufzucht und -haltung

Folgelieferung September '98

Folgelieferung September '98

Schweinehaltung
Teil 2: Schweinerassen und ihre Nutzungsmöglichkeiten

Die Folgen des Wandels weg vom Bauern hin zum Landwirt, der sich strikt an wirtschaftlichen Gesichtspunkten orientiert, hat letztendlich auch die Schweinerassen verändert. Der Markt verlangt heute fettarme Schweine, die mit möglichst wenig Futter in möglichst kurzer Zeit schlachtreif werden. Andere Eigenschaften wie Resistenz gegen Stress und Robustheit traten dagegen in den Hintergrund. Diese Eigenschaften, die bei Biobauern gefragt sind, finden sich daher vor allem bei alten Rassen, die häufig vom Aussterben bedroht sind. Aber auch heute weitverbreitete Rassen wie die Deutsche Landrasse und das Deutsche Edelschwein sind für den Ökobetrieb interessant.

Stichworte: Zielsetzung der Schweinehaltung, Rassen und Eigenschaften, Deutsche Landrasse, Pietrain, Deutsches Edelschwein, Belgische Landrasse, Hampshire, Duroc, Leicoma, Schwäbisch-Hällisches Schwein, Angler/Deutsches Sattelschwein, Buntes Bentheimer Schwein, Kreuzungen

Folgelieferung September '98

PETER PRZYBILLA

Dieser Beitrag zeigt Ihnen:
- welche Eigenschaften bei modernen Schweinerassen im Vordergrund stehen
- welche Möglichkeiten für eine eigene Zucht bestehen
- welche Eigenschaften zehn ausgewählte Rassen haben
- welche Eigenschaften ausgewählte Kreuzungen haben

Seit einigen tausend Jahren dient das Schwein dem Menschen als Nahrungs- und Rohstofflieferant. Aus einer anfänglich extensiven Nutzung der vorhandenen Eigenschaften dieser nützlichen Spezies hat sich im Laufe der Zeit eine systematische Verbesserung bestimmter Leistungsmerkmale entwickelt. Lag der Schwerpunkt der Schweinezucht zunächst auf der Gewährleistung einer hinreichenden Versorgung der Bevölkerung mit Fett und Fleisch, kamen in der jüngeren Zeit zunehmend qualitative Aspekte sowie Rationalisierungsbestrebungen in den Erzeugungsverfahren hinzu. So werden heute in erster Linie fettarme Schweine bevorzugt, die neben einem hohen Anteil verkaufsfähiger Teilstücke im Schlachtkörper den Ansprüchen an die Wirtschaftlichkeit durch einen möglichst niedrigen Futteraufwand und eine kurze Mastdauer genügen.

Einige der ursprünglich verbreiteten regionalen Schweinerassen konnten diese Anforderungen nicht schnell genug erfüllen, da eine Umzüchtung langwierige Selektionsprozesse erforderlich gemacht hätte. Sie schieden im Laufe der Jahre aus der bäuerlichen Nutzung aus, verschwanden endgültig oder gerieten zahlenmäßig an den Rand der Bedeutungslosigkeit. Umwälzende Änderungen haltungstechnischer Art und der teilweise dramatische Verfall der Erzeugerpreise für Schweinefleisch beschleunigten diese Tendenzen. Nur noch die Rassen wurden weiterhin verwendet, die den Zielsetzungen rationeller Zucht und Mast entsprachen. Dabei war diese Entwicklung kein Selbstzweck, sondern wurde durch die Vorgaben ausgelöst, die von Verarbeitern, Vermarktern und den Verbrauchern an die Erzeuger herangetragen wurden.

Ähnlich wie beim Geflügel bildeten sich auch in der Schweinezucht Zuchtunternehmen, die in der Hybridzucht durch Kombinationen unterschiedlicher Elternrassen und Zuchtlinien das marktgerechte und wirtschaftliche Schwein zum Ziel haben. Aus den europäischen Nachbarländern ist der deutschen Schweinezucht und -mast ebenfalls eine ernstzunehmende und starke Konkurrenz erwachsen. Auf der Seite der Vermarktung stehen mit zunehmender Konzentration des Handels einer Vielzahl von Schweinezüchtern, Ferkelerzeugern und Mästern nur wenige Abnehmer gegenüber, die einen entsprechenden Markteinfluß haben.

Schweinehaltung mit unterschiedlicher Zielsetzung

Die Nachfrage nach einer Vervollständigung der Erzeugnispalette aus dem ökologischen Landbau und der Einstieg in die tierische Veredelung als Baustein der landwirtschaftlichen Kreislaufwirtschaft haben in den letzten Jahren in ökologisch orientierten Betrieben unter anderem auch die Schweinezucht und -haltung an Bedeutung gewinnen lassen. Regionale Vermarktungsstrategien mit Direktvermarktung oder vertraglicher Anbindung an bestimmte Handelspartner führten zwangsläufig zu der Frage nach geeigneten Schweinerassen oder -kreuzungen. Dabei können sich für die an der Schweinehaltung interessierten Betriebe bei der Wahl geeigneter Rassen oder Kreuzungen Probleme auftun. Vielfach stehen sich wirtschaftliche Notwendigkeiten und persönliche Neigungen oder auch der Erhalt bedrohter

Schweinerassen scheinbar konträr gegenüber. Eine Entscheidung ausschließlich für die eine oder andere Richtung kann zu wirtschaftlichen Mißerfolgen führen oder Unzufriedenheit mit dem eingeschlagenen Weg mit sich bringen.

Ein weiterer Gesichtspunkt ist die Strukturierung des Betriebszweiges Schweinehaltung. Obwohl Zucht- und Mastschweine von spezialisierten Herdbuch- und Ferkel-Erzeugerbetrieben problemlos zugekauft werden können, gibt es nicht zuletzt aus seuchenhygienischen Überlegungen heraus gute Gründe, sich als Einzelbetrieb für ein geschlossenes System der Schweinehaltung zu entscheiden oder mit anderen Betrieben arbeitsteilig zu arbeiten.

Das sogenannte geschlossene System der Schweinehaltung umfaßt die Remontierung von Sauen, die Ferkelerzeugung sowie die Schweinemast in einem Betrieb. Zugekauft werden lediglich Deckeber der Vater- und Mutterrassen und gegebenenfalls einzelne Sauen zur Erweiterung der genetischen Basis. Bei Vorschaltung einer Quarantäne ist im geschlossenen System das Risiko der Einschleppung von Krankheiten deutlich geringer als beim ständigen Zukauf von Zucht- und Masttieren.

Es ist jedoch auch eine Frage der Betriebsphilosophie und der vorhandenen Arbeitsbelastung, ob das geschlossene System gewählt wird. Durch das Engagement in Zucht, Ferkelerzeugung und Mast werden Arbeitskapazitäten beansprucht, die in den übrigen Bereichen eines vielseitigen Betriebes fehlen. Am einfachsten läßt sich das geschlossene System bei der Beschränkung auf eine Schweinerasse praktizieren, die überwiegend in Eigenzucht remontiert wird. Dabei ist jedoch zu berücksichtigen, daß dieses System keine »Insel« darstellt, die vollständigen Schutz gegen Seuchen und deren Auswirkungen bietet. Bei eventuellen weiträumigen Sperr- oder Quarantänemaßnahmen können auch unbeteiligte Schweinehalter betroffen sein, mit allen rechtlichen und wirtschaftlichen Konsequenzen.

Eine Alternative zum geschlossenen System ist die arbeitsteilige Schweinehaltung. Sie ermöglicht die Konzentration auf einen bestimmten Betriebszweig. So ist ein Verbund zwischen Schweinehaltungsbetrieben möglich, in dem Züchter und Vermehrer, Ferkelerzeuger und Mäster unter definierten Bedingungen zusammenarbeiten. Die hygienischen Anforderungen müssen zwischen den Betrieben abgestimmt werden und sind weitgehend kontrollierbar. Dieses System stellt sehr hohe organisatorische Anforderungen. Gleichzeitig werden die betrieblichen Kreisläufe durch den ständigen Zukauf und den Zwang zur engen Abstimmung mit den Betriebsabläufen der Partnerbetriebe aufgebrochen.

Folgelieferung September '98

Welche Rassen mit welchen Eigenschaften?

Ist die Entscheidung für den Betriebszweig Schweinehaltung gefallen, stellt sich die Frage nach der Auswahl hierfür geeigneter Tiere. Dabei ist entscheidend, welches Ziel verfolgt werden soll. So kann für die Direktvermarktung von Erzeugnissen eine andere genetische Grundlage notwendig werden als bei der Vermarktung der Schlachtschweine im Teilstückverkauf über die Ladentheke oder an Endverbraucher. Für beide Zwecke stehen geeignete Schweinerassen zur Verfügung, deren jeweils positive Eigenschaften in der Regel als Kreuzungen miteinander kombiniert werden, um bestimmte erwünschte Eigenschaften optimal zur Entfaltung zu bringen.

In der ökologischen Schweinehaltung ist der Wunsch naheliegend, nur eine Rasse einzusetzen, um den züchterischen Aufwand gering zu halten und dennoch die gesteckten Ziele in diesem Sektor der tierischen Veredelung zu erreichen. Die Schweinerasse, die alle positiven Leistungsmerkmale in Mast, Schlachtkörperwert und Fleischbeschaffenheit optimal in sich vereint, kann jedoch aufgrund von Merkmalsgegensätzen nicht gezüchtet werden. So stehen in der Regel die Merkmale der Fruchtbarkeit, der Konstitution und der Fleischbeschaffenheit im Gegensatz zu denen des Schlachtkörperwertes.

Ausgeprägte Fleischfülle und ein sehr niedriges Fleisch/Fett-Verhältnis sind nur schwer mit der Streßstabilität und der Fleischbeschaffenheit beim Schwein zu verbinden. Dabei ist unter dem Begriff der Streßstabilität nicht nur die Unempfindlichkeit des Schweins gegenüber dem Umgang mit Menschen, sondern auch die Robustheit der Tiere beim Verhalten untereinan der zu verstehen. Schweine mit einer einseitigen Ausrichtung auf hohe Zuwachsleistungen können ein ungünstigeres Fleisch/Fett-Verhältnis aufweisen.

Die für die bäuerliche Nutzung zur Verfügung stehenden Rassen sollen nachstehend in ihren wesentlichen Leistungsmerkmalen vorgestellt werden. Dabei werden einige »exotische« Herkünfte fehlen, die allenfalls Bedeutung im Bereich der Hobbyhaltung haben können. Andererseits werden sicherlich auch Rassen angesprochen, die in der ökologisch orientierten Schweinehaltung wenig beliebt sind. Dabei sollen auf der Basis fachlicher Neutralität Eigenschaften der vorgestellten Rassen beschrieben und gegebenenfalls Empfehlungen für ihre Verwendung gegeben werden.

Zur Darstellung der Leistungsmerkmale werden Ergebnisse aus der Herdbuchzucht herangezogen. Die tatsächlichen Stückzahlen der einzelnen Rassen in der Landeszucht gehen dabei über die Zahlen der Herdbuchtiere teilweise deutlich hinaus. Entscheidungen für oder gegen bestimmte Rassen oder ihren Einsatz in Kreuzungen bleiben den Schweinehaltern überlassen, die ihre betrieblichen Besonderheiten und persönlichen Vorzüge in die Bewertungen einbringen können.

Deutsche Landrasse

Die Deutsche Landrasse (DL) war 1995 in der Herdbuchzucht mit 1.100 eingetragenen Ebern und 32.600 Sauen die zahlenmäßig stärkste Schweinerasse im Bundesgebiet und wird vorzugsweise für die Erzeugung von Kreuzungsnachkommen zur Mast oder zur Erstellung von Kreuzungssauen für weitere Rassenkombinationen eingesetzt. Die Tiere dieser Rasse sind großrahmig, haben helle Borsten auf einer nahezu hellen Haut. Charakteristisch sind die Schlappohren und der lange Kopf. Eber und Sauen erreichen im Durchschnitt zwischen 250 bis 300 Kilogramm bei einer Schulterhöhe bis zu 85 Zentimetern (SAMBRAUS, 1986).

Bei der Deutschen Landrasse handelt es sich um eine fruchtbare Rasse, deren Zuchtleistung unter optimalen Bedingungen bei rund zwanzig aufgezogenen Ferkeln je Sau und Jahr liegt. Ebenso wie bei den übrigen Mutterrassen ist auch bei der Deutschen Landrasse eine Selektion auf sehr große Würfe nicht zu empfehlen, da die Geburtsgewichte in diesem Fall deutlich sinken. In der Folge steigt die Verlustrate deutlich an und kann bei einem Geburtsgewicht von 0,8 bis 1,2 Kilogramm je Ferkel bereits dreißig Prozent betragen (HÖRNING, 1997). Die Verluste bis zum Ende der Aufzucht belaufen sich bei der Deutschen Landrasse auf etwa sieben Prozent.

Die Ergebnisse zur Mastleistung im Rahmen der Zuchtwertprüfung weisen

Abb. 1: *Jungsau der Deutschen Landrasse* (Foto: P. PRZYBILLA)

Tageszunahmen von 850 bis 900 Gramm bei einem Futterverbrauch von rund 2,70 Kilogramm je Kilogramm Zuwachs aus. Unter diesen Voraussetzungen erreichen Mastschweine dieser Rasse im Alter von etwa 170 Tagen ein Lebendgewicht von 110 Kilogramm (ZDS, 1996).

Die Versuche, die ursprünglich aus verschiedenen Landschlägen entstandene Deutsche Landrasse zu einem Universalschwein umzuzüchten, das allen Anforderungen gerecht wird, mußten wegen der bereits dargestellten Gegensätzlichkeiten bei den Leistungsmerkmalen wieder aufgegeben werden. Seit 1996 wird deshalb die ehemalige Rasse »Deutsche Landrasse Universal« bundesweit in der Herdbuchzucht der Zuchtverbände nicht mehr geführt. Stattdessen wurde die Rasse durch die Einbeziehung neuer Blutlinien beispielsweise aus der Schweiz und durch die konsequente Suche nach reinerbig streßstabilen Tieren zur Mutterrasse umgezüchtet. Beim Schlachtkörperwert führte dies zu einer Verringerung des Fleischanteils mit einer Verschlechterung des Fleisch/Fett-Verhältnisses, während die Fleischqualität deutlich verbessert wurde. Damit ist die Deutsche Landrasse in ihrer jetzigen Zuchtrichtung für die Kreuzungskombination mit fleischreichen Ebern (zum Beispiel Pietrain, Pietrain x Hampshire) zu empfehlen.

Vorteile für Konstitution und Fruchtbarkeit ergeben sich jedoch auch aus der Anpaarung mit Ebern des Deutschen Edelschweins. Die daraus hervorgehenden weiblichen Nachkommen, sogenannte F1-Sauen, sind fruchtbar, weisen eine gute Konstitution auf und bringen außer guten Masteigenschaften eine hervorragende Fleischbeschaffenheit mit. Sie eignen sich daher besonders für die Erzeugung von Mastferkeln, wenn sie mit reinrassigen Fleischebern oder fleischreichen Kreuzungsebern angepaart werden.

Grundsätzlich ist die in Reinzucht gehaltene, auf Streßstabilität selektierte Deutsche Landrasse zur Schweinemast und Fleischerzeugung in der ökologisch orientierten Landwirtschaft geeignet. Wie die Tabelle zeigt, sind jedoch Schwächen beim Schlachtkörperwert festzustellen, die sich in erster Linie in einem erhöhten Fettanteil niederschlagen, während der Fleischanteil im Durchschnitt männlicher und weiblicher Tiere durchaus günstig zu bewerten ist. Für die Herstellung von Verarbeitungswaren kann jedoch ein höheres Fleisch/Fett-Verhältnis erwünscht sein. Bei der Vermarktung von Teilstücken wird durch die starke Rückenspeckauflage die Verwertung des Schlachtkörpers ebenso eingeschränkt wie durch den teilweise hohen Fettanteil im Bauch, der dessen Verwendung zum Beispiel für Grill- oder Räucherwaren

Folgelieferung September '98

einschränkt. Auf einer Punkteskala von eins (sehr fett) bis neun (ausgezeichnet) lag beispielsweise die Bauchbewertung bei Börgen der Deutschen Landrasse im Durchschnitt bei 4,3 Punkten und weist damit in der Tendenz auf einen zu hohen Fettanteil dieses Teilstücks hin. Die Fleischbeschaffenheit entspricht hingegen hohen Anforderungen. Gleichwohl liegt der intramuskuläre Fettgehalt (IMF), gemessen im Rückenmuskel, noch deutlich unterhalb der wünschenswerten Zielgröße. Der Gehalt an intramuskulärem, »nicht sichtbarem« Fett trägt entscheidend zur Bewertung der Genußeigenschaften von Schweinefleisch bei. Der IMF ist abhängig vom Magerfleischanteil des Schlachtkörpers. Eine Erhöhung des Fleischanteils bringt eine Absenkung des IMF mit sich. Als Zielgröße kann ein IMF von mehr als zwei Prozent gelten, wobei überhöhte Gehalte durch oxidative Fettveränderungen im Schweinefleisch wiederum einen negativen Geschmackseindruck hinterlassen können. Bei Rassen mit einem höherem Gehalt an intermuskulärem, sichtbaren Fett wird die sogenannte »Marmorierung« des Fleisches erkennbar, die durch fein verästelte Fetteinlagerungen zwischen den Muskelfasern gekennzeichnet ist.

In der gegenwärtigen Zuchtrichtung erscheint die Deutsche Landrasse auch für robustere und extensivere Haltungssysteme wie zum Beispiel Offenställe und Freilandhaltungen geeignet.

Tabelle 1: Ausgewählte Leistungsdaten der Deutschen Landrasse

Merkmale	weiblich	männlich
Masteigenschaften:		
Zunahme, g/Tag	869	848
Futter, kg/kg Zuwachs	2,68	2,66
Schlachtkörperwert:		
Schlachtkörperlänge, cm	102	100
Rückenspeckdicke, mm	23	28
Fleisch/Fett-Verhältnis, 1:...	0,39	0,52
Fleischanteil, %	57,9	55,7
Bauchbewertung, Punkte	-	4,3 [1]
Fleischbeschaffenheit:		
Fleischhelligkeit, Punkte	70	74
pH 1-Kotelett	6,45	6,38
pH 24-Kotelett	5,57	5,56
pH 24-Schinken	5,72	5,67
Leitfähigkeit 1, Kotelett	4,2	4,1
Leitfähigkeit 24, Kotelett	4,6	4,1
Intramuskuläres Fett, %	1,15 [2]	1,58 [3]

Quelle: ZDS (1996); [1] HLT (1997); [2] MÜLLER u.a. (1996); [3] HLT (1995)

Pietrain

Die Rasse Pietrain (Pi) hat sich in den vergangenen vierzig Jahren zu der bestimmenden Vaterrasse in der deutschen Schweinezucht entwickelt, wenn es um die Erzeugung von fleischreichen Mastschweinen mit marktgerechtem Fleisch/Fett-Verhältnis geht. So waren 1995 rund 2.900 Eber und 8.800 Sauen in der Herdbuchzucht registriert.

Abb. 2: *Jungeber der Rasse Pietrain* (Foto: A. HORZ)

Die mittelrahmigen, kurzen Tiere mit kurzen Stehohren sind schwarz, grauschwarz oder schwarzbraun gefleckt mit einer weißen bis hellgrauen Grundfarbe. Ihr äußeres Erscheinungsbild mit ausgeprägt breiten Schulter- und Keulenpartien weist eindrucksvoll auf das Zuchtziel dieser Rasse hin, neben einem fettarmen Schlachtkörper auch eine gute Ausprägung der wertvollen Teilstücke an ihre Kreuzungsnachkommen zu vererben. In der Schweinemast spielen reinrassige Pietraintiere keine Rolle. Im Durchschnitt erreichen die ausgewachsenen Eber und Sauen Lebendgewichte bis zu 280 Kilogramm bei einer Schulterhöhe von 80 Zentimetern.

Nachdem der Schwerpunkt dieser ursprünglich aus Belgien und Frankreich nach Deutschland eingeführten Rasse eindeutig auf den Eigenschaften eines fettarmen und fleischreichen Schlachtkörpers liegt, sind Schwächen bei der Mastleistung sowie der Fleischbeschaffenheit und -qualität nahezu unvermeidbar. Die Zielsetzung der Rasse mit einem Fleisch/Fett-Verhältnis unter 0,2 hat durch vorhandene Merkmalsgegensätze dazu geführt, daß die Zuwachsleistung deutlich unter der von anderen Schweinrassen liegt (Tabelle 2). Dabei ist der Futteraufwand durch den geringen Fettansatz der Tiere deutlich niedriger als zum Beispiel bei der Deutschen Landrasse oder anderen Mutterrassen. Die einseitige Betonung der Muskelfülle hat jedoch negative Auswirkungen auf die Streßstabilität. Damit verbunden ist eine gesteigerte Anfälligkeit für Herz-Kreislaufschwächen und Belastungsmyopathien durch Auseinandersetzungen der Tiere untereinander, beim Transport und durch klimatische Belastungen.

Reinrassige Pietraintiere werden in der Regel nicht in extensiven Haltungssystemen gehalten, in denen sie Rangkämpfen, Witterungsschwankungen und sonstigem Anpassungsstreß ausgesetzt sind. Erst in den letzten Jahren waren die Bemühungen erfolgreich, durch entsprechende Selektion reiner-

Tabelle 2: Ausgewählte Leistungsdaten der Rasse Pietrain

Merkmale	weiblich
Masteigenschaften:	
Zunahme, g/Tag	721
Futter, kg/kg Zuwachs	2,52
Schlachtkörperwert:	
Schlachtkörperlänge, cm	94
Rückenspeckdicke, mm	19
Fleisch/Fett-Verhältnis, 1 : ...	0,18
Fleischanteil, %	65,2
Bauchbewertung, Punkte	8,2 [1]
Fleischbeschaffenheit:	
Fleischhelligkeit, Punkte	61
pH 1-Kotelett	5,75
pH 24-Kotelett	5,47
pH 24-Schinken	5,62
Leitfähigkeit 1, Kotelett	8,6
Leitfähigkeit 24, Kotelett	8,9
Intramuskuläres Fett, %	1,19 [2]

Quelle: ZDS (1996); [1] HLT (1997); [2] HLT (1995)

big streßstabile Pietrainlinien herauszufinden und einzusetzen. Dabei ist es jedoch schwierig, Streßstabilität und Schlachtkörpereigenschaften positiv miteinander zu verbinden.

Der überwiegende Teil der im Rahmen der Zuchtwertprüfung geschlachteten Pietrainschweine ist durch helles Fleisch mit einer weichen und wässrigen Beschaffenheit gekennzeichnet. Der Gehalt an intramuskulärem Fett liegt, bedingt durch die Selektion auf hohe Fleischanteile, in einer unbefriedigenden Größenordnung. Diese unerwünschten Eigenschaften werden in der Kreuzung mit anderen Rassen weitergegeben, soweit diese nicht reinerbig streßstabil gezüchtet wurden.

Für den Aufbau einer Reinzucht mit Zucht, Ferkelerzeugung und anschließender Mast im Rahmen einer ökologischen Schweinehaltung sind Pietrainschweine in der derzeitigen Zuchtrichtung ungeeignet. Aus diesem Grund ist es daher naheliegend, Pietraineber an solche Muttergrundlagen anzupaaren, die fruchtbar, vital und konstitutionell belastbar sind und über sehr gute Masteigenschaften verfügen. Dies ist zum Beispiel in Einfachkreuzungen mit Sauen der Rassen Deutsche Landrasse, Deutsches Edelschwein (Large White) sowie Schwäbisch-Hällisches Schwein möglich. Gute Ergebnisse bei Masteigenschaften und Schlachtkörperqualität werden auch durch die Kombination des Pietrainebers mit sogenannten F1-Sauen erzielt. Bei diesem Verfahren werden in einem ersten Schritt zwei Sauenlinien miteinander kombiniert, um die konstitutionellen und reproduktiven Eigenschaften in der (F1-) Tochtergeneration zu verbessern. Mit dieser Muttergrundlage lassen sich Kreuzungsnachkommen erzeugen, die den jeweiligen Anforderungen des Marktes angepaßt sind. Als Beispiel hierfür kann die Dreirassenkreuzung Pietrain x (Deutsches Edelschwein x Deutsche Landrasse) angeführt werden. Darüberhinaus werden Pietraineber auch an Hybridsauen angepaart, die von Zuchtunternehmen und -gesellschaften angeboten werden.

Auch wenn die Rasse Pietrain in Reinzucht mit den dargestellten Nachteilen bei Streßstabilität und Fleischbeschaffenheit behaftet ist, kann in der praktischen Zucht und bei der Erzeugung von Mastferkeln einstweilen noch nicht vollständig darauf verzichtet werden. In vielen Qualitätsprogrammen wird der Pietraineber als Kreuzungspartner für die Eberlinien (zum Beispiel Pi x Hampshire) eingesetzt, um Schlachtschweine mit einem mittleren Magerfleischanteil von 55 Prozent und einem angemessenen Fleisch/Fett-Verhältnis zu erzeugen. Dabei ist die Suche nach reinerbig streßstabilen Kreuzungsebern sicherlich ein Weg, die Akzeptanz dieser Rasse zu verbessern und sie auch für robustere Haltungsverfahren nutzen zu können. Ob allerdings mit streßstabilen Pietrainebern Masttiere mit stabilerer Konstitution erzeugt werden können, läßt sich abschließend noch nicht sagen.

Deutsches Edelschwein

Gemessen an seinen herausragenden Eigenschaften bei Fruchtbarkeit, Mastleistung und Fleischbeschaffenheit hat das Deutsche Edelschwein (DE) einen eher geringen Anteil in der deutschen Herdbuchzucht. So waren 1995 rund 860 Eber und 6.600 Sauen eingetragen. Die Zucht dieser weißfarbigen Rasse mit den charakteristischen Stehohren und der eingebogenen Nasenlinie hat ihr Kerngebiet im norddeutschen Ammerland. Es finden sich jedoch im ganzen Bundesgebiet Züchter dieser interessanten Rasse, deren Eber und Sauen Schulterhöhen bis 85 Zentimeter und Lebendgewichte bis zu 320 Kilogramm

Abb. 3: *Sau der Rasse Deutsches Edelschwein* (Foto: A. MENGLER)

erreichen können. Der Einfluß des englischen Large White, das maßgeblich an der Entstehung dieser Rasse beteiligt war, ist im Exterieur nicht zu verbergen. So wird die Bezeichnung Edelschwein und Large White häufig synonym verwendet, obwohl es durchaus noch Unterschiede zwischen beiden gibt.

Die Fruchtbarkeit des Deutschen Edelschweins liegt mit rund 21 aufgezogenen Ferkeln je Sau und Jahr geringfügig über der der Deutschen Landrasse. Mit Tageszunahmen um 860 Gramm und einem Futterverbrauch von 2,60 Kilogramm je Kilogramm Zuwachs sind gute Masteigenschaften vorhanden. Das Mastendgewicht von 100 bis 110 Kilogramm erreichen Mastschweine dieser Rasse in einem Alter von 175 Tagen. Obwohl als Mutterrasse gezüchtet, weist das Deutsche Edelschwein eine gute Schinkenausprägung auf. Die übrigen Parameter des Schlachtkörperwertes sind ähnlich denen der Deutschen Landrasse. Im Gegensatz zu dieser war jedoch die Fleischbeschaffenheit, gemessen an pH-Werten und Leitfähigkeit schon immer auf einem sehr hohen Niveau, da das Deutsche Edelschwein hinsichtlich der Streßstabilität problemlos ist. Dies macht es auch für alternative Haltungssysteme gut geeignet.

Edelschweine können ebenso wie Tiere der Deutschen Landrasse auch reinrassig zur Mast genutzt werden. Ebenso wie bei letzteren ist jedoch das Fleisch/Fett-Verhältnis zu berücksichtigen, das die Verwendungseignung des Schlachtkörpers beeinflussen kann (Tabelle 3). Der intramuskuläre Fettgehalt liegt in einer ähnlichen Größenordnung wie bei der Deutschen Landrasse. Edelschweinsauen werden in sogenannten Gebrauchs- oder Zweirassenkreuzungen mit fleischreichen Ebern (zum Beispiel Pietrain) angepaart, um die daraus hervorgehenden Nachkommen direkt als Schlachttiere nutzen zu können. Diese zeichnen sich durch einen gut propor-

Tabelle 3: Ausgewählte Leistungsdaten des Deutschen Edelschweins

Merkmale	weiblich	männlich
Masteigenschaften:		
Zunahme, g/Tag	853	861
Futter, kg/kg Zuwachs	2,61	2,62
Schlachtkörperwert:		
Schlachtkörperlänge, cm	101	100
Rückenspeckdicke, mm	24	27
Fleisch/Fett-Verhältnis, 1 :...	0,38	0,50
Fleischanteil, %	57,9	55,2
Bauchbewertung, Punkte	[1]5,7	5,3
Fleischbeschaffenheit:		
Fleischhelligkeit, Punkte	67	70
pH 1-Kotelett	6,30	6,40
pH 24-Kotelett	5,48	5,46
pH 24-Schinken	5,59	5,59
Leitfähigkeit 1, Kotelett	4,7	3,9
Leitfähigkeit 24, Kotelett	4,8	3,8
Intramuskuläres Fett, %	1,34 [2]	1,19 [3]

Quelle: Zds (1996); [1] Hlt (1997); [2] Polten u.a. (1996); [3] Hlt (1995)

tionierten Schlachtkörper mit einem durchschnittlichen Verfettungsgrad und eine gute bis sehr gute Fleischbeschaffenheit aus. Nicht immer erfüllen jedoch Einfachkreuzungen sämtliche Anforderungen hinsichtlich Masteigenschaften, Schlachtkörperwert und Fleischqualität. Aus diesem Grund werden Edelschweineber zum Beispiel mit Landrassesauen angepaart, um die Heterosiseffekte bei Fruchtbarkeit, Konstitution und Streßstabilität zu nutzen und wie bereits dargestellt Kreuzungssauen für die Erzeugung von Mastferkeln unter Einsatz eines fleischreichen Pietrainebers zu erhalten.

Belgische Landrasse (Landrasse B)

Die Belgische Landrasse, die auch als Landrasse B (LB) bezeichnet wird, stellt ebenso wie die ehemalige Deutsche Landrasse »Universal« den Versuch dar, eine Rasse zu züchten, die sämtliche positiven Eigenschaften in einem Schwein verbindet, um so auf Kreuzungen verzichten zu können und einheitliche Tiere zu erhalten. Die Belgische Landrasse hat ihren Ursprung in belgischen Landschweinpopulationen, in die sehr fleischreiche Pietraineber eingekreuzt wurden. Aus diesem Grund wirkt das seit den sechziger Jahren auch in Deutschland gezüchtete Schwein eher gedrungen und kurz. Haut und Borsten sind weiß, die Schlappohren kleiner als bei der Deutschen Landrasse. Eber und Sauen können ausgewachsen Schulterhöhen bis etwa 80 Zentimeter bei einem mittleren Gewicht bis zu 290 Kilogramm erreichen. Ursprünglich in Deutschland durchaus recht zahlreich vertreten, waren 1995 nur noch 103 Eber und 404 Sauen im Herdbuch eingetragen.

Die Fruchtbarkeit der Belgischen Landrasse ist mit rund 18 aufgezogenen Ferkeln pro Sau und Jahr eher unterdurchschnittlich, verglichen mit den Ergebnissen von Deutscher Landrasse und Edelschwein. Die Verluste wäh-

Abb. 4: *Sau der Belgischen Landrasse* (Foto: V. Dzapo)

rend der Aufzucht sind mit rund zehn Prozent relativ hoch. Die Zuwachsleistungen liegen auf einem mittleren Leistungsniveau bei einem sehr guten Futterverbrauch (Tabelle 4). Kennzeichen der Rasse ist ein gutes Fleischansatzvermögen mit einem günstigen Fleisch/Fett-Verhältnis. Damit verbunden ist jedoch eine eher mäßige Fleischqualität, die zwar besser als bei Pietrain ist, den Anforderungen einer Qualitätsfleischerzeugung im Rassedurchschnitt aber nicht gerecht wird. Dies hat seine Ursache in der mangelnden Streßstabilität der Belgischen Landrasse.

Eber der Belgischen Landrasse werden in Deutschland überwiegend für Gebrauchskreuzungen und in Hybridprogrammen eingesetzt, wobei die Bedeutung künftig weiter abnehmen dürfte. Zuchtgebiete sind außerhalb Deutschlands in Belgien und Österreich zu finden.

Tabelle 4: Ausgewählte Leistungsdaten der Belgischen Landrasse

Merkmale	weiblich
Masteigenschaften:	
Zunahme, g/Tag	785
Futter, kg/kg Zuwachs	2,50
Schlachtkörperwert:	
Schlachtkörperlänge, cm	93
Rückenspeckdicke, mm	21
Fleisch/Fett-Verhältnis, 1 :...	0,21
Fleischanteil, %	64,3
Fleischbeschaffenheit:	
Fleischhelligkeit, Punkte	59
pH 1-Kotelett	5,74
pH 24-Kotelett	5,51
pH 24-Schinken	5,68
Leitfähigkeit 1, Kotelett	8,4
Leitfähigkeit 24, Kotelett	9,9
Intramuskuläres Fett, %	0,49 [1]

Quelle: Zds (1996); [1] Kallweit u.a. (1996)

Hampshire

Die Rasse Hampshire (Ha) hat erst in jüngerer Zeit außerhalb von Hybridprogrammen eine wachsende Bedeutung für die Schweinezucht erlangt. Die Suche nach Alternativen zu der Zweirassenkombination von Deutscher Landrasse und Pietrain und die Bemühungen um eine Verbesserung von Streßstabilität und Fleischqualität bei Mastschweinen führte letztlich zu dieser Rasse, die in den USA weit verbreitet ist. 1995 waren 74 Hampshireeber und 264 Sauen im Herdbuch eingetragen. Kennzeichen der Hampshireschweine ist die schwarze Körperfärbung, die nur durch einen weißen Streifen über Schulter, Brustbereich und Vorderbeine unterbrochen wird. Dabei ist die Rasse nicht mit dem Angler Sattelschwein zu verwechseln. Die Stehohren und der lange Kopf mit einer nahezu geraden Nasenlinie erinnern an das Exterieur des Wildschweins. Auffallend ist der gespannte Rücken, der die Tiere trotz eines eher mittleren Rahmens höher erscheinen läßt. Ausgewachsene Hampshireschweine erreichen Schulterhöhen bis 85 Zen-

Folgelieferung September '98

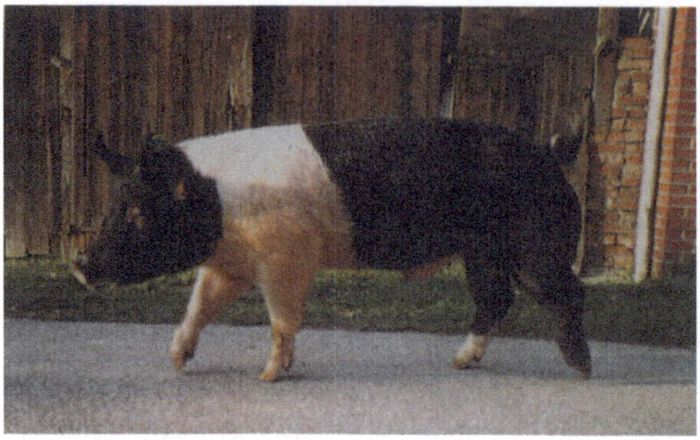

Abb. 5: *Eber der Rasse Hampshire* (Foto: GFS Ascheberg)

timeter und Lebendgewichte bis 320 Kilogramm.

Die Attribute einer guten Fruchtbarkeit und hervorragenden Muttereigenschaft, die der Rasse vielfach zugesprochen werden, müssen anhand der Statistiken zur Zuchtleistung in der Herdbuchzucht relativiert werden. Bei einer Aufzuchtleistung von rund 18 Ferkeln pro Jahr und acht Prozent Aufzuchtverlusten liegt die Hampshiresau gleichauf mit der Belgischen Landrasse.

Reine Hampshire-Mastschweine werden in der Regel kaum anzutreffen sein, da die Rasse beispielsweise in Kombination mit Duroc oder Pietrain überwiegend zur Erstellung von reinerbig streßstabilen, fleischreichen Ebern für die Anpaarung an F1-Sauen (zum Beispiel DE x DL) eingesetzt wird. So liegt ihr Leistungsschwerpunkt in erster Linie auf dem Schlachtkörperwert und der Fleischqualität, während die Mast-

Tabelle 5: Ausgewählte Leistungsdaten der Rasse Hampshire

Merkmale	weiblich
Masteigenschaften:	
Zunahme, g/Tag	774
Futter, kg/kg Zuwachs	2,74
Schlachtkörperwert:	
Schlachtkörperlänge, cm	97
Rückenspeckdicke, mm	22
Fleisch/Fett-Verhältnis, 1 :...	0,31
Fleischanteil, %	60,8
Fleischbeschaffenheit:	
Fleischhelligkeit, Punkte	68
pH 1-Kotelett	6,40
pH 24-Kotelett	5,45
pH 24-Schinken	5,47
Leitfähigkeit 1, Kotelett	3,9
Leitfähigkeit 24, Kotelett	4,5
Intramuskuläres Fett, %	1,47 [1]

Quelle: ZDS (1996), [1] Kallweit u.a. (1996)

eigenschaften ein eher geringeres Niveau aufweisen (Tabelle 5). Beim intramuskulären Fettgehalt liegen Hampshireschweine auf dem Niveau von Deutscher Landrasse und Deutschem Edelschwein. Die Rasse Hampshire ist aufgrund der dargestellten Eigenschaften auch für robustere und extensive Haltungssysteme gut geeignet.

Duroc

Ebenso wie die Rasse Hampshire rückten Durocschweine (Du) erst in den letzten Jahren stärker in den Blickpunkt des Interesses von Züchtern, Ferkelerzeugern und Mästern. Ein verändertes Konsumverhalten mit gestiegenen Anforderungen an die sensorischen und qualitativen Merkmale der Fleischbeschaffenheit und neue Zielsetzungen bei der Rassenauswahl führten zu diesem Schwein, das seine Ursprünge in den USA hat, wo es seit dem Ende des 18. Jahrhunderts gezüchtet wird. Charakteristisch für Durocschweine ist die von hellrot bis rotbraun variierende, den ganzen Körper bedeckende Färbung und kleine Schlappohren. Die Nasenlinie ist leicht eingebogen, der Rücken gewölbt. Die Rasse ist großrahmig, wobei Eber und Sauen bis 90 Zentimeter Schulterhöhe erreichen können bei Lebendgewichten von etwa 350 Kilogramm. Da Duroctiere bislang in erster Linie in Hybridprogrammen eingesetzt wurden, war ihr Herdbuchbestand 1995 mit 84 eingetragenen Ebern und 211 Sauen gering. Der züchterische Schwerpunkt liegt zur Zeit in Ostdeutschland.

Durocschweine zählen zu den robusten Rassen und sind reinerbig streßstabil. Aufgrund ihres noch relativ geringen Verbreitungsgrades sind die Informationen zur Fruchtbarkeit möglicherweise unvollständig. So wurden je Sau und Jahr 1995 nur knapp 16 Ferkel aufgezogen bei einer Verlustrate von rund 24 Prozent während der Aufzucht.

Abb. 6: *Eber der Rasse Duroc* (Foto: GFS Ascheberg)

Tabelle 6: Ausgewählte Leistungsdaten der Rasse Duroc

Merkmale	weiblich
Masteigenschaften:	
Zunahme, g/Tag	838
Futter, kg/kg Zuwachs	2,69
Schlachtkörperwert:	
Schlachtkörperlänge, cm	96
Rückenspeckdicke, mm	25
Fleisch/Fett-Verhältnis, 1:...	0,40
Fleischanteil, %	57,5
Fleischbeschaffenheit:	
Fleischhelligkeit, Punkte	71
pH 1-Kotelett	6,47
pH 24-Kotelett	5,56
pH 24-Schinken	5,62
Leitfähigkeit 1, Kotelett	4,1
Leitfähigkeit 24, Kotelett	4,1
Intramuskuläres Fett, %	2,11 [1]

Quelle: ZDS (1996); [1] KALLWEIT u.a. (1996)

Aufgrund ihrer Leistungsveranlagung ist die Mast reinrassiger Duroctiere mit Ergebnissen möglich, die auch bei der Deutschen Landrasse und dem Deutschen Edelschwein erzielbar sind. Dabei ist jedoch das erhöhte Fleisch/Fett-Verhältnis mit einer Bandbreite von 0,25 bis 0,55 zu berücksichtigen (Tabelle 6).
Eine weitere Schwierigkeit für die Vermarktung stellt die Pigmentierung der Haut dar, die bei der Teilstückvermarktung unerwünscht ist.
Zur Erzeugung von Mastferkeln werden deshalb Durocsauen mit Hampshireebern belegt, um Kreuzungseber für die Anpaarung mit F1-Sauen zu erhalten.
Die Kombination von Durocebern und DL-Sauen zur Erstellung von Kreuzungssauen wird ebenfalls praktiziert. Dabei liegt der entscheidende Vorteil der Rasse in der hervorragenden Fleischbeschaffenheit und -qualität, die durch eine optimale Fleischfarbe, sehr hohe pH1-Werte und einen intramuskulären Fettgehalt (IMF) von teilweise über zwei Prozent gekennzeichnet ist.
Damit gehören Durocschweine zu den wenigen Rassen, mit denen sich beispielsweise in Kreuzungsprogrammen die IMF-Gehalte teilweise deutlich verbessern lassen.

Auch Durocschweine dürften für die Extensiv- und Robusthaltung in Offenstall- und/oder Freilandsystemen hervorragend geeignet sein.

Leicoma

Die Rasse Leicoma (Lc) ist neueren Ursprungs und wurde in Ostdeutschland nach ihren dortigen Zuchtgebieten Leipzig, Cottbus und Madgeburg benannt. Sie war 1995 mit 63 Ebern und rund 1800 Sauen im Herdbuch erfaßt.
Ihre genetischen Grundlagen wurden aus einer Kombination unterschiedlicher Rassen zusammengestellt. Neben einer bodenständigen Landrasse (49 %) gingen Genanteile von Duroc (46 %), Estnischer Baconrasse (3 %) und Sattelschwein (2 %) in das Endprodukt ein.
Das Zuchtziel beschreibt ein großrahmiges, gut bemuskeltes Fleischschwein mit hoher Futteraufnahme und aus-

Abb. 7: *Eber der Rasse Leicoma* (Foto: TSPV Weimar)

reichender Körperlänge. Die Rasse ist weiß und hat mittelgroße Schlappohren.

Die Fruchtbarkeit der Leicoma ist mit der von Deutscher Landrasse und Edelschwein vergleichbar. Durchschnittlich wurden 1995 rund 21 Ferkel aufgezogen mit einer Verlustrate von 12 Prozent während der Aufzucht.

Die Selektion auf hohe Futteraufnahme führte dazu, daß einerseits sehr gute Zuwachsleistungen erzielt wurden, andererseits aber ein ungünstiges Fleisch/Fett-Verhältnis vorhanden war. Im Zuge der neueren Entwicklung gelangte die Rasse Leicoma jedoch in einen Leistungsbereich, der sie als Mutterrasse in Zweirassenkreuzungen zur Erzeugung von Mastferkeln ausweist (Tabelle 7). Sie hat einen hohen Anteil rein- oder mischerbig streßstabiler Tiere. Aufgrund der Masteigenschaften, des Schlachtkörperwertes und der Fleischbeschaffenheit ist grundsätzlich auch die Mast reinrassiger Tiere möglich, wobei wie bei allen Mutterrassen der erhöhte Fettanteil zu beachten ist. Der intramuskuläre Fettgehalt liegt geringfügig höher als bei DL und DE.

Tabelle 7: Ausgewählte Leistungsdaten der Rasse Leicoma

Merkmale	weiblich
Masteigenschaften:	
Zunahme, g/Tag	877
Futter, kg/kg Zuwachs	2,75
Schlachtkörperwert:	
Schlachtkörperlänge, cm	100
Rückenspeckdicke, mm	27
Fleisch/Fett-Verhältnis, 1 :...	0,52
Fleischanteil, %	55,0
Fleischbeschaffenheit:	
Fleischhelligkeit, Punkte	68
pH 1-Kotelett	6,26
pH 24-Kotelett	5,52
pH 24-Schinken	5,60
Leitfähigkeit 1, Kotelett	4,5
Leitfähigkeit 24, Kotelett	6,0
Intramuskuläres Fett, %	1,62 [1]

Quelle: ZDS (1996); [1] KALLWEIT u.a. (1996)

Schwäbisch-Hällisches Schwein

Das Schwäbisch-Hällische Schwein (SH) gehörte ebenso wie andere alte Schweinerassen zu den sogenannten Robustrassen, die aufgrund der Entwicklungen in der modernen Schweinezucht und -haltung in ihrem Fortbestand gefährdet oder schon vom Aussterben bedroht waren. Dank den Bemühungen von Schweinezüchtern aus dem Kerngebiet dieser Rasse ist es jedoch gelungen, den Fortbestand gegenwärtig zu sichern. Inzwischen sind in der Erzeugergemeinschaft Schwäbisch-Hall 240 Mitglieder organisiert und im Bundesgebiet gehören 160 Landwirte der Züchtervereinigung Schwäbisch-Hällisches Schwein an (Bühler, 1997). So waren 1997 knapp 17 Schwäbisch-Hällische Eber und 150 Sauen herdbuchmäßig erfaßt. In der Landeszucht stehen 3.500 Sauen bei 250 Schweinehaltern. Kennzeichen der Rasse ist die schwarze Färbung von Kopf, Hals und Schinkenpartie. An den Grenzflächen zwischen der Pigmentierung und den weißen Körperflächen sind graue »Säumungsstreifen« erkennbar mit weißen Borsten auf pigmentierter Haut. Der Kopf mit Schlappohren weist rassetypische Stirnfalten auf und hat eine leicht eingebogene Nasenlinie. Das Schwäbisch-Hällische Schwein entstand aus regionalen Schlägen in Württemberg, in die im vorigen Jahrhundert chinesische Maskenschweine, englische Rassen und zuletzt Angler Sattelschweine eingekreuzt wurden. Eber und Sauen sind großrahmig und können Schulterhöhen bis 90 Zentimetern und ein Lebendgewicht bis 350 Kilogramm erreichen.

Die ausgesprochen robusten SH-Schweine eignen sich hervorragend für extensive Haltungssysteme und für die

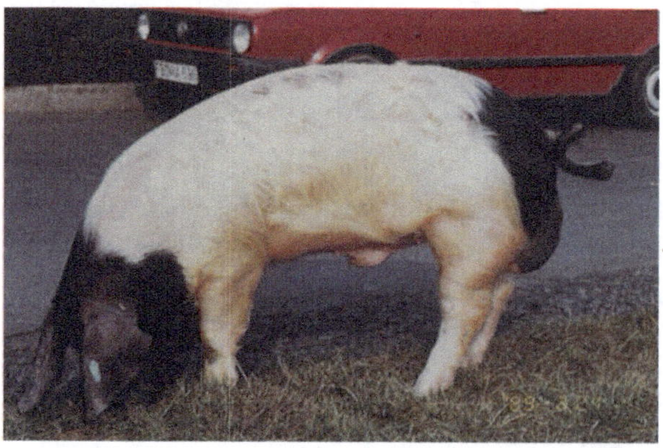

Abb. 8: *Eber der Rasse Schwäbisch-Hällisches Schwein* (Foto: H. Wanke)

Folgelieferung September '98

Freilandhaltung. Ihre Fruchtbarkeit entspricht mit rund 18 aufgezogenen Ferkeln je Sau und Jahr bei einer Verlustrate von etwa 13 Prozent den Ergebnissen anderer Rassen.

Obwohl die Zuwachsleistungen der Schwäbisch-Hällischen Rasse denen von Edelschwein und Deutscher Landrasse durchaus vergleichbar sind, ist die Nutzungen reinrassiger Masttiere zur Fleischerzeugung wenig empfehlenswert. Der im Vergleich zu den übrigen Rassen hohe Fettanteil bei den kastrierten männlichen Tieren führt zu einem erhöhten Futterverbrauch je Kilogramm Zuwachs von rund drei Kilogramm (Tabelle 8). Die Ergebnisse zum Schlachtkörperwert lassen bei den Börgen insgesamt eine eingeschränkte Vermarktungsfähigkeit der Teilstücke erwarten, so daß die Schlachtkörper in erster Linie in die Verarbeitung gelangen. Da Schwäbisch-Hällische Schweine jedoch über sehr gute Fleischbeschaffenheitswerte und einen günstigen IMF-Gehalt verfügen, eignen sie sich für Kreuzungen mit Pietrain, wobei Pi-Eber mit SH-Sauen angepaart werden sollten.

Tabelle 8: Ausgewählte Leistungsdaten des Schwäbisch-Hällischen Schweins

Merkmale	weiblich	männlich
Masteigenschaften:		
Zunahme, g/Tag	866	786
Futter, kg/kg Zuwachs	2,63	3,05
Schlachtkörperwert:		
Schlachtkörperlänge, cm	101	99
Rückenspeckdicke, mm	27	36
Fleisch/Fett-Verhältnis, 1 :...	0,52	0,81
Fleischanteil, %	54,6	50,3
Fleischbeschaffenheit:		
Fleischhelligkeit, Punkte	70	68
pH 1-Kotelett	6,24	6,37
pH 24-Kotelett	5,44	5,53
pH 24-Schinken	5,57	5,63
Leitfähigkeit 1, Kotelett	–	3,6
Leitfähigkeit 24, Kotelett	3,0	3,9
Intramuskuläres Fett, %	1,60 [1]	–

Quelle: ZDS (1996); [1] KALLWEIT u.a. (1996)

Angler/ Deutsches Sattelschwein

Das Angler oder Deutsche Sattelschwein (AS/DS) gehört trotz intensiver Bemühungen von engagierten Züchtern und der Gesellschaft zur Erhaltung alter und gefährdeter Haustierrassen e.V. (GEH) nach wie vor zu den akut vom Aussterben bedrohten Rassen. Zwar konnten die Stückzahlen durch Tiere aus der Genreserve der ehemaligen DDR ergänzt werden, eine Sicherung des Fortbestands ist damit jedoch nicht verbunden. Im ursprünglichen Zuchtgebiet des Sattelschweins Schleswig-Holstein wurde erst 1926 mit der systematischen Bearbeitung der Rasse begonnen, die aus regionalen schwarzbunten Schlägen unter Einkreuzung englischer Wessex-Saddleback-Schweine hervorgegangen ist. Die Nachfrage nach Sattelschweinen sank nach dem zweiten Weltkrieg sehr schnell, da die Weiter-

Abb. 9: *Eber der Rasse Angler Sattelschwein* (Foto: V. DZAPO)

entwicklung der Rasse mit dem geänderten Verbrauchsverhalten nicht mithalten konnte. Im Jahre 1996 waren insgesamt 33 Sattelschweineber und rund 180 Sauen in der ostdeutschen Herdbuch- und Landeszucht registriert (EHLICH, 1997).

Im Exterieur der großrahmigen Tiere fällt der charakteristische, weiß pigmentierte Sattel über Schulter, Brust und Vorderbeine auf, der ursprünglich eher die Ausprägung eines Gürtels hatte. Durch Selektionsmaßnahmen wurde der Sattel breiter und erreicht mitunter schon die Körpermitte. Der Kopf mit den Schlappohren weist eine eingebogene Nasenlinie auf. Mit rund 90 Zentimetern Schulterhöhe und rund 350 Kilogramm Lebendgewicht können Sattelschweine die Maße der Schwäbisch-Hällischen Rasse erreichen. Wie diese eignen sie sich ebenfalls für robustere Haltungsysteme.

Hinsichtlich ihrer Fruchtbarkeit verfügen Sattelschweine mit rund zwanzig aufgezogenen Ferkeln bei etwa zehn Prozent Verlusten über ein gutes Leistungsvermögen und sind mit Deutscher Landrasse und Deutschem Edelschwein vergleichbar.

Der Versuch, Angler oder Deutsche Sattelschweine für die Schweinezucht zu erhalten, sollte an sich schon die Bemühungen um diese Rasse rechtfertigen. Wichtig für den weiteren Weg ist jedoch die Entwicklung der Leistungseigenschaften. Der nach wie vor sehr hohe Fettanteil (Tabelle 9) dürfte in Einfachkreuzungen zum Beispiel mit Pietrain noch stark zur Ausprägung kommen. Eine Einbeziehung in Mehrrassenkreuzungen ist mit den derzeit vorhandenen Bestandsgrößen noch wenig praktikabel. So wird es zunächst darauf ankommen, die bestehende enge genetische Grundlage zu erweitern. Da-

Tabelle 9: Ausgewählte Leistungsdaten des Angler/Deutschen Sattelschweins

Merkmale	weiblich	männlich
Masteigenschaften:		
Zunahme, g/Tag	706	805
Futter, kg/kg Zuwachs	3,45	3,18
Schlachtkörperwert:		
Schlachtkörperlänge, cm	98	97
Rückenspeckdicke, mm	33	41
Fleisch/Fett-Verhältnis, 1 : ...	0,71	1,16
Fleischanteil, %	52,0	46,6
Fleischbeschaffenheit:		
Fleischhelligkeit, Punkte	65	65
pH 1-Kotelett	6,25	6,67
pH 24-Kotelett	5,48	5,54
pH 24-Schinken	5,59	5,68
Leitfähigkeit 1, Kotelett	4,2	3,2
Leitfähigkeit 24, Kotelett	3,8	2,8
Intramuskul. Fett, % [1]	1,18	1,49

Quelle: ZDS (1996); [1]) KALLWEIT u.a. (1996)

bei ist jedoch der Erfolg fraglich, wenn es nicht gelingt, das öffentliche Interesse und damit auch das Engagement staatlicher und privatwirtschaftlicher Einrichtungen stärker zu wecken, damit sich für interessierte Züchter die Haltung dieser wirtschaftlich unattraktiven Rasse lohnt. Für den Fortbestand der Rasse scheint die Problematik darin zu liegen, daß sämtliche Eigenschaften bereits bei den übrigen, überwiegend ungefährdeten Rassen in teilweise besserer Ausprägung zu finden sind. Aufgrund der Erfahrungen mit dem intramuskulären Fettgehalt als Faktor der sensorischen Beurteilung von Schweinefleisch könnten Sattelschweine möglicherweise in Mehrrassenkreuzungen zur Verbesserung dieses Merkmals eingesetzt werden. Der IMF-Gehalt liegt jedoch auch bei AS/DS nicht höher als bei den meisten anderen Rassen.

Buntes Bentheimer Schwein

Bei den vom Aussterben bedrohten oder stark gefährdeten Schweinerassen bestehen für das Bunte Bentheimer Schwein (BB) die geringsten Aussichten für einen dauerhaften Erhalt, was die Größe der Population und die genetische Basis betrifft. Zwar gibt es Bemühungen der an dieser Rasse interessierten Praktiker und Wissenschaftler für den Fortbestand und die Zuchtkoordination der Bunten Bentheimer, die tatsächlichen Zahlen lassen jedoch keine allzu optimistische Bewertung zu. So waren 1996 noch 17 Eber und 45 Sauen im Herdbuch eingetragen, deren genetische Basis trotz des geringen Bestandes eine Fortsetzung der Züchtung ermöglicht (SCHRÖDER, 1997). Die Rasse, die im Landschweintyp steht und Schlappohren hat, ist mittelrahmig und langgestreckt. Auf der weißen oder grauen Grundfärbung befinden sich unregelmäßige schwarze Flecken. Das Bunte Bentheimer Schwein geht im seinem Ursprung auf das alte europäische Landschwein zurück und hatte seine

Folgelieferung September '98

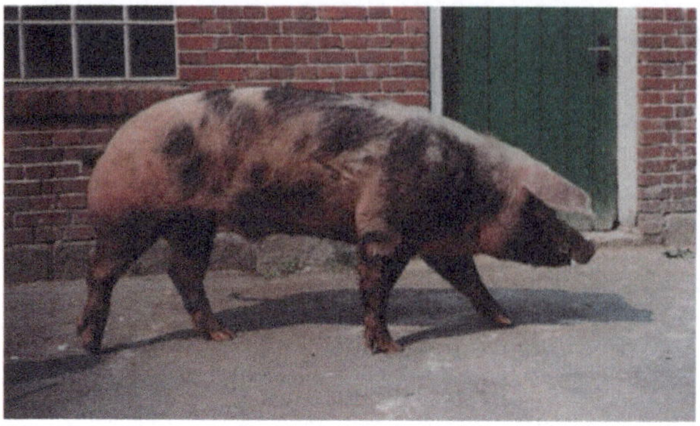

Abb. 10: *Eber der Rasse Bunte Bentheimer* (Foto: SWE OLDENBURG)

größte Verbreitung in der Grafschaft Bentheim und in Niedersachsen noch bis in die Nachkriegszeit. Neben Angler Sattelschweinen wurde auch Pietrain in die Rasse eingekreuzt. Eber und Sauen der Bunten Bentheimer können Schulterhöhen bis 75 Zentimetern und Gewichte bis zu 250 Kilogramm erreichen. Sie sind weidetauglich und durch ihre Streßresistenz sehr robust.

Die Fruchtbarkeit der Sauen ist beim Bunten Bentheimer Schwein ist nach den Ergebnissen von 1995 mit knapp 18 aufgezogenen Ferkeln und einer Verlustrate von rund 9 Prozent während der Aufzucht zufriedenstellend. Dabei muß ebenso wie bei den übrigen Robustrassen berücksichtigt werden, unter welchen Bedingungen die Daten der Fruchtbarkeit erzielt wurden.

Bei den sehr geringen Bestandszahlen ist es nahezu unmöglich, die Leistungsveranlagung des Bunten Bentheimer Schweins in der Fleischerzeugung anhand von neueren Prüfungsergebnissen aus der Nachkommen- und Geschwisterprüfung auf Prüfstationen sicher zu beschreiben. Aufgrund von Ergebnissen aus einem Rassenvergleichsversuch sind jedoch Daten zu Masteigenschaften, Schlachtkörperwert und Fleischbeschaffenheit verfügbar (Tabelle 10). Danach liegen die Zuwachsleistungen der Bunten Bentheimer bei intensiver Mast unter denen von Sattelschwein und Schwäbisch-Hällischem Schwein. Inwieweit sie unter extensiven Mastbedingungen gegenüber den übrigen Rassen im Vorteil sind, kann an dieser Stelle nicht dargestellt werden. Hierzu erscheinen entsprechende Versuche notwendig. Die Ergebnisse zum Schlachtkörperwert sind denen von Sattelschwein und Schwäbisch-Hällischem Schwein vergleichbar. Trotz eines Magerfleischanteils von durchschnittlich rund 54 Prozent scheint

Tabelle 10: Ausgewählte Leistungsdaten des Bunten Bentheimer Schweins

Merkmale	weiblich	männlich
Masteigenschaften:		
Zunahme, g/Tag	650	700
Futter, kg/kg Zuwachs	3,08	3,14
Schlachtkörperwert:		
Fleischanteil, %	56,1	52,6
Schinkenanteil, %	31,6	30,9
Bauchbewertung, Punkte	2,8	1,9
Fleischbeschaffenheit:		
Fleischhelligkeit, Punkte	73	70
pH 1-Kotelett	6,10	6,14
pH 24-Kotelett	5,41	5,38
pH 24-Schinken	5,48	5,45
Leitfähigkeit 1, Kotelett	3,6	3,7
Leitfähigkeit 24, Kotelett	4,9	4,5
Intramuskuläres Fett, % [1)]	1,00	1,36

Quelle: Schön und Brade (1997); [1)] Kallweit u.a. (1996)

jedoch die Verteilung des Fettes im Schlachtkörper ungleichmäßig. Darauf weist die Bauchbewertung hin, die sich am Kriterium des Fettanteils orientiert und für diese Rasse mit der Note 2 eine eher mangelhafte Einstufung erreicht. Die Fleischbeschaffenheit der Bunten Bentheimer ist ihrem streßstabilen Status entsprechend sehr gut. Der Gehalt an intramuskulärem Fett dürfte davon abhängen, wie stark sich die in diese Rasse eingeflossenen Pietrainanteile noch auswirken können. Nach vorliegenden Ergebnissen ist sie von dem Bereich von zwei Prozent und mehr jedoch noch weit entfernt, wobei die geringe Zahl von Analysen für eine abschließende Bewertung sicherlich nicht ausreicht.

Leistungseigenschaften von Kreuzungen unterschiedlicher Rassen

Nach der Darstellung der einzelnen Rassen erscheint die Vorstellung ausgewählter Leistungsergebnisse ihrer Kreuzungen miteinander sinnvoll, um Entscheidungshilfen für die Schweinehaltung und bestimmte Richtungen der Schweinefleischerzeugung geben zu können (Tabelle 11). Dabei ist darauf hinzuweisen, daß diese Daten meist unter intensiven Haltungs- und Fütterungsbedingungen zustande gekommen sind, die in der ökologisch orientierten Schweinehaltung weniger gegeben sind. Gleichwohl sind jedoch die vorgestellten Kreuzungen auch in alternativen Haltungsverfahren zu finden, da sich die Vermarktungsbedingungen auch in diesem Bereich an den Kundenwünschen orientieren müssen. Erfahrungsgemäß ist nur ein relativ geringer Anteil der Verbraucher bereit, Schweinefleisch mit hohem Anteil an sichtbarem Fett trotz der meist unbestritten vorzüglichen geschmacklichen Eigenschaften dauerhaft zu akzeptieren.

Tabelle 11: Beispiele für Rassenkreuzungen und ausgewählte Leistungsdaten

	Mutterlinie		Endprodukt-kreuzungen			Vater-linie
Kreuzung	DE x DL	Du x DL	Pi x DE	Pi x (DE x DL) [1]	(Ha x Du) x (DE x DL) [1]	Pi x Ha
Geschlecht	Börge	Börge	weiblich	weiblich/ Börge	weiblich/ Börge	weiblich
Mastleistung:						
Zunahme g/Tag	910	923	843	810	809	809
Futterverbrauch je kg Zuwachs kg	2,60	2,66	2,52	2,87	2,93	2,58
Schlachtkörperwert:						
Rückenspeck mm	27	26	21	26	25	21
Seitenspeck mm	29	24	20	21	22	18
Kotelettfläche cm^2	45,9	43,8	53,1	51,1	49,5	56,2
Fleisch/Fett-Verhältnis 1:...	0,47	0,42	0,29	0,37	0,40	0,25
Fleischanteil %	56,5	57,0	61,1	55,8	54,8	62,2
Fleischbeschaffenheit:						
Fleischhelligkeit Punkte	73	–	57	68	68	64
pH 1 Kotelett	6,35	6,51	5,93	6,10	6,30	6,21
pH 24 Kotelett	5,51	5,55	5,45	5,46	5,46	5,44
pH 24 Schinken	5,65	5,72	5,55	5,58	5,51	5,52
LF 1 Kotelett	4,1	3,7	7,8	4,5	4,0	4,2
LF 24 Kotelett	4,4	3,4	8,1	5,6	4,6	5,3
IMF %	1,86 [1]	1,50 [2]	–	1,26	1,34	–

Quelle: Zds (1996); [1] Hlt (1997, 1995); [2] Kallweit u.a. (1996)

Literatur

Bühler, R. (1997): *Das Schwäbisch-Hällische Landschwein – älteste und traditionsreichste Schweinerasse Deutschlands, veröffentlicht in: siehe Hörning, B. (1997)...*

Ehlich, M. (1997): *Das Deutsche Sattelschwein, veröffentlicht in: siehe Hörning, B. (1997)...*

HLT, Hessische Landesanstalt für Tierzucht, Neu-Ulrichstein (1997, 1995): *Ergebnisse der Prüfung auf Mastleistung, Schlachtkörperwert und Fleischbeschaffenheit beim Schwein und aus dem Arbeitsbereich Schweinehaltung 1996, 1994*

Hörning, B. (1997): *Gefährdete Schweinerassen und Alternative Schweinezüchtung, Herausgeber: Gesellschaft zur Erhaltung alter und gefährdeter Haustierrassen e.V. (GEH), NZH-Verlag Wetzlar*

KALLWEIT, E., M. HENNING, P. KÖHLER U. U. BAULAIN, Institut für Tierzucht und Tierverhalten der FAL Mariensee (1996): *Intramuskulärer Fettgehalt bei verschiedenen Schweinerassen, Vortrag anläßlich des IMF-Kolloquiums in Wilhelmsthal 1996*

MÜLLER S.; E. GERNAND, *Thüringer Landesanstalt für Landwirtschaft Jena u. H. Demme, Thüringer Schweinezucht- und Produktionsverband (1996): Stand der Einbeziehungen des IMF-Gehaltes in die Zuchtwertschätzung beim Schwein in Thüringen, Vortrag anläßlich des IMF-Kolloquiums in Wilhelmsthal 1996*

POLTEN, S., S. HASSEL U. P. MEYER, *Lehr- und Versuchanstalt für Tierhaltung und Technik Iden/Landwirtschafiliche Untersuchungs- u. Forschungsanstalt Halberstadt (1996): Einbeziehung des intramuskulären Fettgehaltes in die Leistungsprüfung beim Schwein, Vortrag anläßlich des IMF-Kolloquiums in Wilhelmsthal 1996*

SAMBRAUS, H. H. (1986): *Atlas der Nutztierrassen, Verlag Ulmer Stuttgart*

SCHÖN, A. U. W. BRADE (1997): *Auch intensiv kein schlechter Schnitt? – Alte Schweinerassen und ihre Kreuzungen im Mastvergleich, DLZ Agrarmagazin, Heft 3 (1997), 144-148*

SCHRÖDER, H. (*1997*): *Das Bunte Bentheimer Schwein, veröffentlicht in: siehe Hörning, B. (1997)*

ZDS, *Zentralverband der Deutschen Schweineproduktion e.V. (1996): Schweineproduktion 1995 in Deutschland*

Sektion 06, Betriebsmanagement

Folgelieferung September '98

Tabelle 1: Förderung des ökologischen Landbaus im Rahmen der Verordnung (EWG) NR. 2078/92

	Prämie in DM je Hektar [1) 2)]							
	Einführung				Beibehaltung			
Land	AF	GL	Gemüse	DK	AF	GL	Gemüse	DK
Baden-Württemberg [3)]	260	260	260	1.200	200	200	200	1.000
Bayern [3)]	450	450	1.000	1.000	450	450	1.000	1.000
Berlin	300	300	300	1.200	255	255	255	1.020
Brandenburg	300	300	300	1.200	240	240	240	1.000
Bremen	250	250	250	–	250	250	250	–
Hamburg [4)]	420	420	420	1.960	240	240	240	1.180
Hessen [3)]	450	450	450	1.440	350	350	350	1.200
Mecklenburg-Vorpommern [5)]	200	200	200	960	160	160	160	800
Niedersachsen	300	300	300	1.400	240	240	240	1.200
Nordrhein-Westfalen	400	400	1.000	1.900	300	300	500	1.400
Rheinland-Pfalz [6) 7)]	450	450	450	1.400	350	350	350	1.200
Saarland	300	300	300	1.200	240	240	240	800
Sachsen	550	260	800	1.500	450	260	700	1.300
Sachsen-Anhalt	300	300	300	1.400	240	240	240	1.200
Schleswig-Holstein [8)]	300	300	300	1.440	250	250	250	1.200
Thüringen	300	350	300	1.200	300	350	300	1.200
Gemeinschaftsaufgabe	250	250	250	1.200	200	200	200	1.000
Durchschnitt in den Ländern	346	331	433	1.360	282	273	345	1.113

1) Quelle: Richtlinien der Länder
2) AF: Ackerfläche; GL: Grünland; DK: Dauerkulturen
3) Zusatzförderung bis zehn Hektar
4) Durchschnittsprämie: zwei Jahre 600 DM für AF/Gl und 2.800 DM für DK, ab drittem Jahr: 300/1.400 DM
5) Durchschnittsprämie, die Prämien sind degressiv gestaffelt; sie sinken bis zum fünften Jahr auf 60 Prozent der Prämie des ersten Jahres.
6) Bei Schaffung ökologischer Ausgleichsflächen erhöht sich die Prämie um 50 DM je Hektar.
7) Prämie Dauerkulturen: Obstbau 1.400 DM/1.200 DM; Weinbau 1.300/1.100 DM.
8) Prämiendegression bei mehr als 50 ha; Betriebe müssen an Vermarktungsfonds teilnehmen.

Die Angaben gelten für neue Verträge und vorbehaltlich möglicher Änderungen durch die Länder.

Sektion 07, Verarbeitung, Lagerung

Backwaren
Teil 2: Produkt und Markt

Aller Anfang ist schwer. Wer Backwaren vermarkten will, muß zunächst Kunden werben und Vorschriften zu Verkauf, Verpackung und Kennzeichnung beachten. Vor allem aber muß er die Wünsche seiner Kunden kennen und auf sie eingehen.

Stichworte: Brot als Begleitangebot, Markterschließung und Vorschriften, Verpackung und Kennzeichnung, Deklaration einer Fertigpackung, Kundenkreis und Kundenwünsche, Beispiele zu den Sortimenten, Brauchtums- und Jahreszeitengebäck

Folgelieferung September '98

Ebba Bauer

Dieser Beitrag zeigt Ihnen:
- wie Sie mit Backspezialitäten für sich werben können
- welche Eigenschaften Backwaren für bestimmte Kundenkreise haben sollen
- wie Sie die Preise gestalten

Brot als Begleitangebot

Zu Beginn genügt als Begleitangebot zu Feld- und Gartenfrüchten ein einfaches Vollkorn-Roggen-Weizen-Mischbrot, mit Sauerteig und/oder Backferment gebacken. Kastenformen sparen Platz im Ofen und erlauben eine risikoarme Teigführung. Diese äußerst beliebte Sorte kann am Tag vor dem Verkauf gebacken werden, denn sie hält noch drei bis vier Tage beim Kunden frisch. (Rezepte finden Sie in den folgenden Teilen). Ein gut gelungenes, wohlschmeckendes Brot bereichert den Hofladen und Marktstand, es unterliegt keiner saisonalen Einschränkung und kann in gleichbleibender Qualität immer ausreichend vorhanden sein. Der Kunde startet einen einfachen, sicheren und gezielten Einkauf, für den kein spontaner Kaufentscheid notwendig ist. Brot ist ein Grundnahrungsmittel wie Kartoffeln: Das Kaufmotiv ist der tägliche Hunger, bei Gemüse zum Beispiel der Appetit.

Wichtig: Selbstbedienung muß bei unverpackter Ware ausgeschlossen sein. Das Brot muß vom Kunden sicher getrennt und Betasten und Anhusten unmöglich sein. Begründung des Veterinärs: Brot kann eben nicht gewaschen werden.

Gleichzeitiges Gemüseabwiegen und Geldentgegennahme kann hygienisch problematisch werden. Als erstes helfen

Einmalhandschuhe, später eine Umorganisation des Ladens und eventuelle Erweiterung des Verkaufspersonals.

Ein deutlich lesbares Schild mit der Artikelbezeichnung (Brotsorte oder Art), Gewichtsangabe und Preis muß in der Verkaufsstelle angebracht sein. Das Brotgewicht muß zwei Stunden nach der Herstellung noch stimmen, das Eichamt wiegt nach. Alle Brotgewichte sollten durch 250 teilbar sein, zum Beispiel 500 g, 750 g, 1000 g, 1250 g. Nach der neuen EU-Richtlinie kann Brot grundsätzlich auch jedes Zwischengewicht aufweisen, der Kilopreis muß jedoch gut lesbar ausgeschildert sein und jedes Brot muß abgewogen werden. Was unter 250 g wiegt, ist kein Brot, sondern Kleingebäck und unterliegt keiner Deklarationspflicht. Brötchen dürfen wiegen, was sie wollen, nur sollten sie gleichmäßig sein. Obwohl keine Verpflichtung zu weiteren Angaben besteht, möchte die Kundschaft die Zusammensetzung der Brote nach Rohstoffen und Zutaten erfahren; diese sollten ebenfalls auf dem Schild vermerkt sein.

Markterschließung und Vorschriften

Erweitert sich die Nachfrage durch ein gutes Verkaufsgespräch und Mund-zu-Mund-Propaganda, dann weiß man, daß Konzept und Qualität stimmen.

Marktferne Betriebe müssen eventuell andere Wege gehen und gezielt werben.

Indirekte Werbung: Teilnahme an Bauernmärkten (Frühjahr und Herbst), Gesundheitstagen, Bazaren und Ausstellungen (auch ohne Verkauf), sowie auf das eigene Hoffest sollte großer Wert gelegt werden. Neben belegten Broten gibt es Spezialitäten, Knoblauchbaguettes, gefüllte Döner, Berliner, Flammkuchen, gebackene Holunderblüten, ofenwarmer Zwiebelkuchen, Pizzen und Quiches, Hefeteig mit Bratkartoffeln und ähnliches. Dazu natürlich Kuchen aller Art, Crèpes und Berliner, möglichst vor den Besuchern gebacken. Reichlich Informationsmaterial über den Hof, Ladenöffnungzeiten, Marktstandinformationen, Adressen, und ähnliches müssen ausliegen!

Katastrophenmeldungen im Lebensmittelbereich sind immer eine Werbung für die Direktvermarkter. Direkte Werbung durch Anzeigen in der Tageszeitung, auf Stadtplänen, in Sammelbroschüren (»Apfelweinstraße« oder »Shopping auf dem Land«), ist zwar teuer, kann aber zu einem Schnuppereinkauf einladen, den es zu stabilisieren gilt. Gespräche und Informationen – nicht nur über das Produkt – sind wichtige Werbeträger, Bauer und Bäuerin die »personifizierte Qualitätsgarantie« (zitiert nach Ulla Ahrenhöfer).

Folgelieferung September '98

Folgelieferung September '98

Auf dem Marktstand und im Marktwagen gestaltet sich der Verkauf unverpackten Brotes schwieriger als zu Hause im Hofladen. Die Länder haben unterschiedliche Vorschriften, diese sind am besten vor Einrichtung der Verkaufsstelle beim Veterinäramt zu erfragen. In Hessen sind sie besonders streng: Ein Raum mit hellen, abwaschbaren Wänden und fließend Wasser, dieses notfalls als Reservoir mit Hahn ausgebildet. Eine gut sichtbare Tafel und – im eigenen Interesse – eine Zutatenliste muß ebenfalls vorhanden sein.

Brot in der Abotüte und -kiste wirft Probleme auf. Salat und unverpacktes Brot passen weder über- noch nebeneinander, ein Feuchtigkeitsschutz muß gewährleistet sein.

Möglichkeiten der Verpackung und vorschriftsmäßiger Kennzeichnung

- Eine per Hand mit Clip verschlossene Plastiktüte gilt bereits als Fertigpackung, unterliegt der Fertigpackungsverordnung und stößt überdies den Kunden ab.
- Offene Tüten aus Papier, Polyethylen oder beidem gelten nicht als Fertigpackungen, auf der Tüte muß die Brotart und das Gewicht vermerkt sein.
- Das Aufsetzen von Brotmarken mit dem Brotgewicht vor dem Backen erfordert bei freigeschobenem Brot, das gekippt wird, eine Person mehr während des Schießens. Kastenbrote sind so allerdings sehr rasch markiert. Die verlangte Kennzeichnung der Brotsorte auf der Tüte schränkt das Sortiment ein, weil für jede Brotsorte ein gesonderter Aufdruck oder ein Etikett hergestellt werden muß (Quelle: Eichamt Hanau).

Deklaration einer Fertigpackung

Die verschlossene Tüte oder Doppeltüte (Papier und Plastik) als Fertigpackung muß aufweisen:

- Herstelleradresse
- Brotart
- tatsächlicher Preis, zusätzlich Kilogramm-Preis
- Zutatenliste in der Reihenfolge vom höchsten bis zum niedrigsten Anteil

Dazu könnte noch gleichzeitig das Gewicht ausgedruckt werden und die Brotmarke wäre überflüssig.

Ein Haltbarkeitsdatum ist nicht erforderlich, da der Gesetzgeber davon ausgeht, daß Brot innerhalb eines oder dreier Tage verzehrt wird.

Waagen

Programmierbare Waagen drucken selbstklebende, sogar farbige Etiketten mit vollständiger Deklaration aus. Der Nachteil liegt in dem sehr hohen Anschaffungspreis.

Es ist immer besser, den Kontrollinstanzen eine Nasenlänge voraus zu sein, als plötzlich unvorhergesehen hohe Investitionen leisten zu müssen.

Kundenkreis und Kundenwünsche

Die Bedürfnisse unserer Kunden werden immer individueller und der Anspruch an Professionalität wächst ständig. Man erwartet generell eine gleichbleibende Qualität sowie beste äußere und innere Beschaffenheit der Backwaren.

Tabelle 1: Verbrauchervielfalt und primäre Erwartungen

an Brot und Backwaren:	Erwartung:
■ Familie mit Kindern	Gesundheit Schadstoffreinheit, Transparenz des Anbaus und Produktionsablaufs, Erlebnis beim Einkauf auf dem Bauernhof
■ Kranke und ältere Menschen:	Aufbauendes »Lebens«-mittel, Bekömmlichkeit, leichte Verdaulichkeit, laxierende Eigenschaft
■ Allergiker:	Erfüllung von Sonderwünschen: ohne Weizen, ohne Salz, ohne Hefe, ohne Gluteneiweiß
■ Reformköstler:	Vitalität, Vollkorn, naturbelassen, schonende Verarbeitung ohne Zusatzstoffe
■ Interessierte an Umwelt-/ und Sozialverträglichkeit:	Biologischer Anbau, Schonung der natürlichen Ressourcen, positive Energiebilanz. Gemeinschaftlicher Wirtschaftsaspekt.
■ Traditionell-bäuerlich Orientierte:	Rustikale Aufmachung, Brauchtumsgebäcke, Jahreszeitengebäcke, »es schmeckt wie früher«.
■ Feinschmecker:	Spezialitäten, zum Beispiel Holzofenbrot
■ Impulskäufer und von negativen Sensationsmeldungen Verschreckte:	Motiv: Neugierde momentaner Vertrauensverlust in die übliche Lebensmittelherstellung.

Kundenwünsche bestimmen das Sortiment:

- Leichtes Vollkornbrotsortiment
- Kräftiges Vollkornbrotsortiment
- Sortiment Mehlbrote mit Vollkornanteil
  Sortiment ohne Vollkornbrotanteil
  Sortiment reine Mehlbrote
- Diät / Gesundheitssortiment
- Feinschmecker-Sortiment
- Sortiment Brauchtums- und Jahreszeitengebäck
- Sortiment »Feine Backwaren«, hergestellt mit alternativen Süßungsmitteln
- Sortiment Brötchen aller Art

Wichtig: Die Bäckerin oder der Bäcker darf nicht den Kunden erziehen wollen, sondern hat sich nach seinen Wünschen zu richten. Die Zeit der Vollkornfanatiker geht zu Ende.

Tip:
Für einmalige Gelegenheiten wie Bauernmärkte und Ausstellungen: Rustikal aufgearbeitetes, zum Beispiel »gefenstertes« Holzofenroggenvollkornschrotbrot frisch backen! Dieser Geschmack macht neugierig! Als Pendant: Helle Spitzbrötchen aus Weizenmehl, mit Käse belegt oder zur Bratwurst.

Beispiele zu den Sortimenten

- Leichtes Vollkornbrotsortiment
- Kräftiges Vollkornbrotsortiment
- Sortiment Mehlbrote mit Vollkornanteil
- Sortiment reine Mehlbrote

Sortiment Diät/Gesundheitsbrote:

- ohne Hefe (Pakethefe) – mit Backferment
- ohne Weizen
  Keinen Weizen zum Abwiegen und Ausformen der Brote verwenden!
- ohne Milch
- Brennwertvermindertes Fastenbrot
- Diabetikerbrot:
  muß regelmäßig von einem staatlich anerkannten Lebensmittechemiker untersucht werden.
  Bäuerliche Herstellung nicht zu empfehlen!
- Glutenfreies Brot (Zöliakie, Sprue): ohne Verwendung der vier üblichen backfähigen Getreidearten, aus Hirse, Mais, Kartoffeln, Buchweizen, Nüssen und ähnlichem. Montags früh backen, wenn in der Backstube noch kein Weizenmehlstaub ist.
- ohne Salz:
  nur auf Bestellung; in eine Charge so einbauen, daß die vorherige Teigabnahme garantiert nicht vergessen wird, zum Beispiel Honig-Salzbrot.
  Achtung: Brote ohne Salz gehen schneller auf als die übrigen.
- Laxierendes (abführendes) Brot

Feinschmecker Sortiment:

- Saatenbaguettes,
- Zwiebelbaguettes,
- Laugengebäcke,

Tip:
Möchte man den Brotverkauf ausweiten, muß man alle Weizenbrote (auch die Vollkornbrote) am Tage des Verkaufs backen. Das bedeutet: Früh aufstehen!

- Zöpfe und Striezel aus dem Holzofen
- Fladen und Snacks

Nicht vergessen: Appetitliche Garnituren gestalten!

Im Snackbereich sind der Phantasie keine Grenzen gesetzt!

Nicht immer das ganze Feinschmekker-Snack-Sortiment bereithalten! Abwechslung belebt die Nachfrage und verhindert zu kleine Chargen und somit zuviel Arbeit. Der Wechsel signalisiert Frische und Freude auf Neues.

Brauchtums- und Jahreszeitengebäcke

Im Jahresrhythmus wechselnd:

- Neujahr:
  - Große Brezeln
- Dreikönig:
  - Königskuchen
- Karwoche:
  - Siedegebäcke
  - Berliner
  - Mutzenmandeln
  - Spritzkuchen, Quarkkrapfen
- 1. April:
  - Fratzenbrötchen
- Gründonnerstag:
  - Allmendbrötchen (mit Pfennig drauf)

Abb. 1: *Ein Teil des Brotsortimentes auf dem Dottenfelder Hof*

- Ostern:
  - Flechtgebäcke
  - Zöpfe
  - Striezel
  - Hasen
  - Kränze
  - Lämmer
  - Osterbrot
- Frühling:
  - Tauwetterfladen
  - Grillgebäcke
  - Kräutersonnen
  - Kräuterbrötchen
  - Sesamringe
- Muttertag:
  - Schwarzwälder Kirschtorte im Babyformat
  - Muttertagsherzen
- Sonnwende:
  - Große und kleine Sonnenräder
  - Sonnenbögen
- Sommerferienbeginn:
  - Süßes Reisegebäck, zum Beispiel Energiekugeln
  - Marzipantaler
  - Linzer Schnitten
  - Doppeldeckerkekse
- Schulbeginn:
  - Buchstabenpuzzle
  - Süßes Schultütensortiment
  - Einschulungsbrezeln
- Herbst:
  - Zwetschgenkuchen
  - Donuts
- 29.09. Michaeli:
  - Drachen

Tip:
Rechtzeitiger schriftlicher Hinweis auf das jeweilige Jahresfest und Ankündigung des Spezialangebotes!

- Erntedank:
  - Kränzchen mit eingebackener Ähre und Band
  - Ernteblüten
- St. Martin:
  - rheinische Piepenkerle
- Nikolaus:
  - Nikoläuschen mit Ruten
- 1. Advent bis Weihnachten:
  - Anisfladen, Plätzchensortiment
  - Lebkuchenherzen
  - Früchtebrot und Stollen mit Backferment

Sortiment Brötchen aller Art:

Vollkornbrötchen natur, mit Auflage Mohn, Sesam, Kümmel und Sonnenblumenkernen

Brötchen aus Baguetteteig:

- Schrippen (Spitzbrötchen)
- Brötchen mit Auflage wie Sesam, Mohn
- Baguettebrötchen
- Zwiebelbrötchen
- Speckbrötchen
- Saatenbrötchen
- Helle Brötchen mit Vollkornanteil
- Vitalbrötchen
- Roggenbrötchen

- Vinschgauer Kräuterbrötchen mit frischen Kräutern und Knoblauch

Das Brötchensortiment wird am Freitag und Samstag vollständig angeboten, jedenfalls im Sommer, wenn es frische Kräuter im Garten gibt und Grillwetter ist. Vollkornbrötchen und eine Sorte helle Brötchen gibt es an jedem Verkaufstag.

Jeder Hof entwickele sein eigenes Brötchensortiment! Die Kunden wünschen keine Brötchen, die aussehen wie die vom Bäcker um die Ecke!

Sortiment Feine Backwaren mit alternativen Süßungsmitteln

Dieses Sortiment gehört nicht zum Schwerpunkt Brot und wird nicht näher behandelt, aber insgesamt füllt dieses Backwarenangebot eine Marktlücke. Sowohl der Impulskäufer findet etwas, die Kleinfamilie und der Single, wie auch die Mutter für ihre gerade hungrigen Kinder.

Die Zulieferindustrie hat die Nische entdeckt, es gibt fast alle Zutaten in Bioqualität.

Süßungsmittel:

- Honig, kbA
- Rapadura = getrockneter Zuckerrohsaft
- Sucanat
- Ahornsirup
- Syrmena =heller, unraffinierter Rohrzucker (Davert Mühle)

Der Nachteil: Die Rohstoffe sind so teuer, daß nicht entsprechend kalkuliert werden kann und die Chargen klein bleiben.

Sortiment »Feine Backwaren«

Dauergebäck:

- Mandelhörnchen
- Pfirisichtörtchen
- Kekse aus Mürbeteig
- Doppeldecker
- Sambakekse
- Ochsenaugen
- Vollkorn-Amerikaner
- Muffins mit Früchten
- Haferschnitten
- Sesamschnitten
- Nußecken aus Vollkorn
- Flammende Herzen

Einige Arten Rührkuchen:

- Linzer Torte
- Möhrentorte

Frischeangebot

- Windbeutel
- Bisquitböden mit Fruchtauflage
- Käsekuchen
- Hefekuchen mit Streuseln und Früchten

Tip:
Auch der Käufer von alternativer Ware in biologischer Qualität liebt die Süße!

Folgelieferung September '98

Vorläufige Preisgestaltung

- Eine Nachfrage bei Kollegen, die bereits direkt vermarkten, ist immer hilfreich.
- Bei näherer Bio-Konkurrenz: Gemeinsames Gespräch am runden Tisch, Zusammenarbeit, Sortimentabsprache.
- Im Naturkostladen Preise erkunden.
- Weite Anfahrtswege der Kunden müssen honoriert werden durch einen Preisvorteil.

Eine Devise, die sich bewährt hat:
Brot als Grundnahrungsmittel preisgünstig anbieten.
Alle Spezialitäten bis an die äußerste Obergrenze kalkulieren.
Im Feinbackwarenbereich: Mischkalkulation.

- Übliche Bäckerwaren in die Vergleiche einbeziehen.

Fleisch
Teil 5: Kalbfleisch-Zuschnitte und ihre Verwendung

WALTER BAUMGARTNER

Vom vorschriftsmäßig ausgeschlachteten Tierkörper müssen folgende Teile entfernt werden:

- Das Stichfleisch, das sind die blutig durchtränkten Teile der Stichwunde.
- Das Saumfleisch einschließlich Nierenzapfen.
- Die Nieren einschließlich Nierenfett sowie Sackfett und Beckenfett.
- Das Rückenmark sowie die Milchdrüsen bei schweren Kälber.
- Der Schwanz, vor dem ersten Schwanzwirbel abgetrennt.

Die Zerteilung der Kälber erfolgt in Hälften oder Hinterviertel und Vorderviertel zwischen der sechsten und siebten Rippe. Der Kalbsrücken endet kopfwärts mit der siebten Rippe. Bei der Absetzung in Pistole kann der Lappen mit Knochen am Vorderviertel bleiben. Solche Viertel werden als Vorderviertel mit Lappen bezeichnet. Bei Kälbern mit einem Totgewicht unter 90 kg soll die Niere, das Nierenfett sowie das Beckenfett am Hinterviertel verbleiben.

Weitere Grobunterteilung in:
Keule, Rücken mit Knochen und Filet oder geteilt als Kalbskotelett mit Knochen und Filet, Schulter mit Knochen, Brust mit Lappen und Knochen sowie Nacken mit Knochen.

Wo nötig, ist die österreichische Bezeichnung in Klammern nachgestellt. Verwendungen finden sich in Tabelle 1 am Ende des Kapitels. Alle Bilder CMA/Bonn.

Folgelieferung September '98

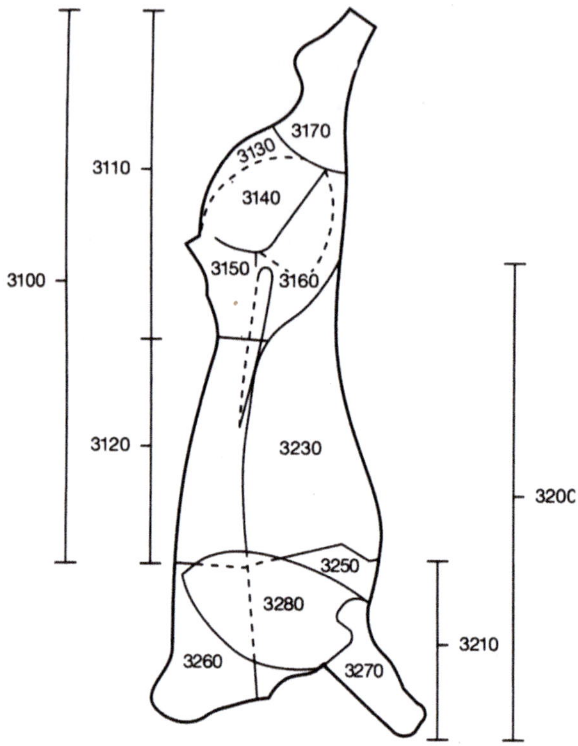

3000

Abb. 1a: *Schematische Darstellung der Teilstücke des Kalbes*

Abb. 1b: *Kalbhälfte*

Folgelieferung September '98

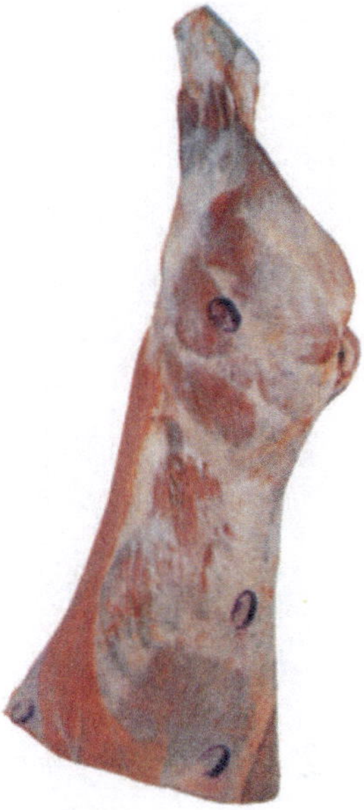

3001a: *Hinterhälfte*

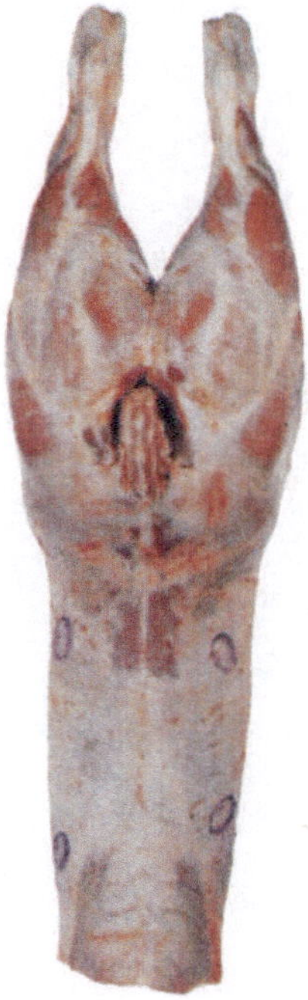

3001b: *Hinterhälfte*

3200: *Vorderviertel mit Lappen (Vorderviertel mit Wammer)*

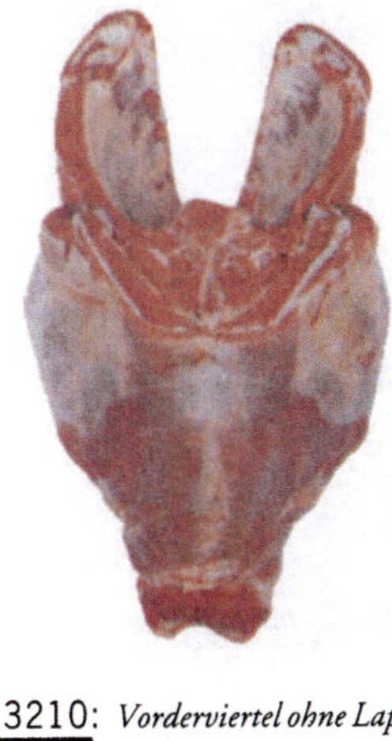

3210: *Vorderviertel ohne Lappen*

3240: *Lappen mit Knochen (Platte mit Knochen)*

Folgelieferung September '98

3100: *Pistole*

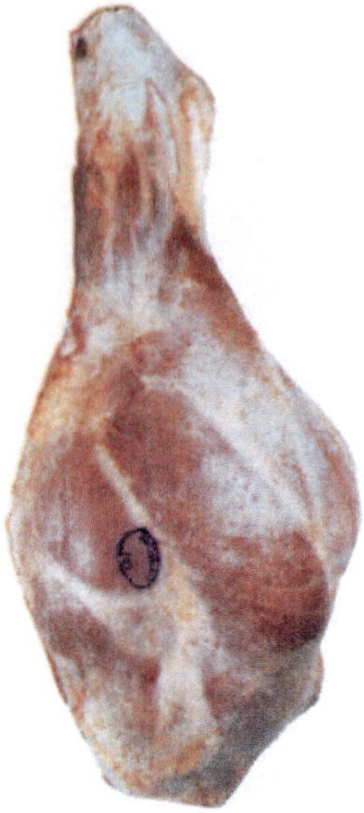

3110: *Keule*

3120: *Rücken mit Knochen und Filet*

3301 a: *Schwanz*

3301 a: *Schwanz*

3190: *Filet*

3180: *Rücken ohne Knochen (Karree ausgelöst)*

3140: *Oberschale (Kaiserteil)*

3130: *Unterschale (Frikandeau)*

3170: *Hinterhaxe (Hintere Stelze)*

3160: *Kugel (Nuß)*

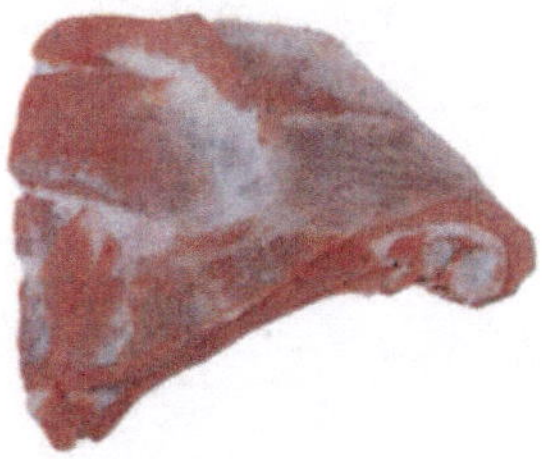

3250: *Brust mit Knochen (Brustspitz mit Knochen)*

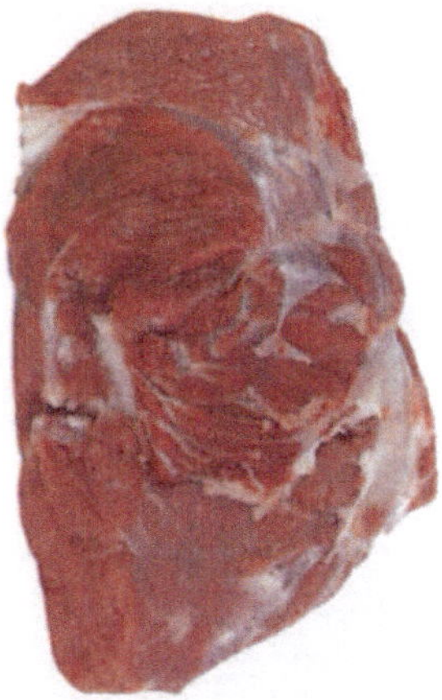

3150: *Hüfte mit Deckel und Spitze (Schlußbraten)*

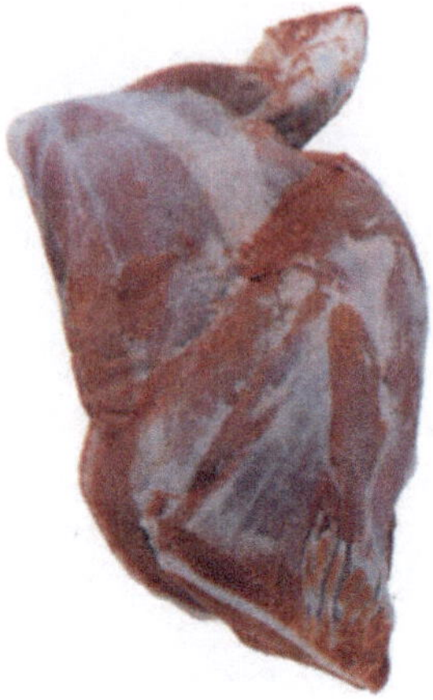

3280: *Schulter mit Knochen*

3281: *Schulter ohne Knochen*

3270: *Vorderhaxe (Vordere Stelze)*

3260: *Nacken mit Knochen (Hals/Grat mit Knochen)*

3261: *Nacken ohne Knochen (Hals/Grat ohne Knochen)*

3230: *Brust mit Lappen und Knochen (Brust mit Wammerl und Knochen)*

Folgelieferung September '98

Folgelieferung September '98

Tabelle 1: Kalbfleisch-Verkaufsteile und deren Verwendung

Artikel Nummer	Deutsche Bezeichnung der Fleischteile	Verarbeitungseignung der Fleischteile	Besonders geeignet für folgende Speisen
3120	Kotelett mit Knochen und Filet	Braten, Backen	In Portionen gebraten oder paniert gebacken
3130	Unterschale	Braten, Backen	Wiener Schnitzel, Mailänder Schnitzel, Pariser Schnitzel, Naturschnitzel und ähnliche Produkte
3140	Oberschale	Braten, Backen	Wiener Schnitzel, Mailänder Schnitzel, Pariser Schnitzel, Naturschnitzel und ähnliche Produkte
3150	Hüfte mit Deckel und Spitz	Grillen oder Kurzbraten, Braten, Backen	Braten, Kurzbraten- und Grillsteak, Wiener Schnitzel, Mailänder Schnitzel, Pariser Schnitzel, Zürcher Geschnetzeltes, Naturschnitzel und ähnliche Produkte
3160	Kugel	Braten, Backen	Wiener Schnitzel, Mailänder Schnitzel, Pariser Schnitzel, Naturschnitzel und ähnliche Produkte
3170	Hinterhaxe	Braten, Dünsten	Im Stück: gebraten Ausgelöst: Gulasch
	Beinscheiben	Braten, Dünsten	Ossobucchi
3180	Rücken ohne Knochen	Grillen oder Kurzbraten, Braten, Backen	Braten, Kurzbraten- und Grillsteak, Wiener Schnitzel, Mailänder Schnitzel, Pariser Schnitzel, Zürcher Geschnetzeltes, Naturschnitzel und ähnliche Produkte
3190	Filet	Grillen oder Kurzbraten, Braten, Backen	Braten im Ganzen oder in Teig gebacken, Kurzbraten- und Grillmedaillons

Tabelle 1: Kalbfleisch-Verkaufsteile und deren Verwendung (Fortsetzung)			
Artikel Nummer	**Deutsche Bezeichnung der Fleischteile**	**Verarbeitungseignung der Fleischteile**	**Besonders geeignet für folgende Speisen**
3230	Brust mit Lappen und Knochen	Braten, Dünsten, Backen	Im Ganzen gefüllt oder Natur gebraten, auch paniert gebacken. Ausgelöst für Ragout oder Hackfleisch
3240	Lappen und Knochen	Braten, Dünsten, Backen	Im Ganzen Natur gebraten, auch paniert gebacken. Ausgelöst für Ragout oder Hackfleisch
3250	Brust mit Knochen	Braten, Dünsten, Backen	Im Ganzen gefüllt oder Natur gebraten, auch paniert gebacken. Ausgelöst für Ragout oder Hackfleisch
3260	Nacken mit Knochen	Braten, Dünsten	Im Ganzen gebraten, Ausgelöst für Ragout, Gulasch oder Hackfleisch
3270	Vorderhaxe	Braten, Dünsten	Im Stück: gebraten In Scheiben: Ossobucchi Ausgelöst: Gulasch
3261	Nacken ohne Knochen	Braten, Dünsten, Backen	Im Ganzen oder in Scheiben geschnitten grillen, als Rollbraten gebraten. Ausgelöst für Ragout, Gulasch oder Hackfleisch
3281	Schulter ohne Knochen	Braten, Dünsten	Im Ganzen gebraten. Ausgelöst für Ragout, Gulasch, Geschnetzeltes oder Hackfleisch
3301	Schwanz	Sieden, Dünsten, Braten,	Vorzügliche Suppen und Soßen

Folgelieferung September '98

Sektion 09, Verbraucher

Folgelieferung September '98

Vollwert-Ernährung Teil 4: Die Gießener Vollwert-Ernährungs-Studie

Die Gießener Ernährungsstudie zeigt die Ernährungsgewohnheiten in Deutschland auf

Stichworte: Brote und Backwaren, Gemüse, Fleisch, Milch, Vitamine, Mineralstoffe, Fettstoffwechsel

Claus Leitzmann

Dieser Beitrag zeigt Ihnen:

- wie sich Vollwertköstlerinnen tatsächlich ernähren
- wie sich Gesundheitsrisiken durch vollwertige Ernährung verringern lassen

In der Gießener Vollwert-Ernährungs-Studie, durchgeführt in den Jahren 1989 bis 1994, wurde erstmals der Gesundheits- und Ernährungsstatus einer großen Studiengruppe untersucht, die Vollwert-Ernährung im Alltag praktiziert. Das Untersuchungskollektiv bestand insgesamt aus 418 gesunden Frauen im Alter von 25 bis 65 Jahren aus den alten Bundesländern. Dabei wurde eine Gruppe von 243 Frauen, die seit mindestens fünf Jahren die Empfehlungen für die Vollwert-Ernährung durchführte, mit einer Gruppe von 175 Frauen verglichen, deren Ernährungsweise dem Bundesdurchschnitt entsprach.

Die Eßgewohnheiten der Untersuchungsteilnehmerinnen wurde mit Fragebögen und einem Sieben-Tage-Ernährungsprotokoll erfaßt, das auch die Grundlage für die Berechnung der Nährstoffzufuhr bildete. Außerdem wurden Blutproben auf Vitaminkonzentrationen analysiert.

Die Vollwertköstlerinnen praktizierten im Durchschnitt seit acht Jahren Vollwert-Ernährung. Als Gründe hierfür wurden an erster Stelle gesundheitliche und an zweiter Stelle ökologische angegeben. Ranggleich folgten soziale und geschmackliche Gründe. Das ausgeprägte Gesundheitsbewußtsein der Vollwertköstlerinnen zeigte sich auch beim Körpergewicht und beim Rauchverhalten. So lag ihr durchschnittliches relatives Gewicht (bezogen auf die Körpergröße) im wünschenswerten Bereich und nur eine Vollwertköstlerin gab an, Raucherin zu sein.

Die Aufnahme von *Brot und Backwaren* war in beiden Gruppen etwa

Folgelieferung September '98

gleich hoch. Erwartungsgemäß wählten die Vollwertköstlerinnen überwiegend Produkte aus Vollkornmehl, die Mischköstlerinnen dagegen aus Auszugsmehlen. Während fast alle Mischköstlerinnen ihr Brot kauften, backte etwa die Hälfte der Vollwertköstlerinnen ihr Brot selbst. Dafür verwendeten fast alle Getreide aus anerkannt ökologischem Anbau. Die andere Hälfte der Vollwertköstlerinnen kaufte ihr Brot überwiegend in Naturkostläden.

Die Vollwertköstlerinnen verzehrten fast 70 Prozent mehr *Gemüse und Hülsenfrüchte* als die Mischköstlerinnen, wobei allein der Anteil an unerhitztem Gemüse bei den Vollwertköstlerinnen dem Gesamtgemüseverzehr der Mischköstlerinnen entsprach. Der Verzehr von Obst war bei den Vollwertköstlerinnen fast doppelt so hoch wie derjenige der Mischköstlerinnen. Wie beim Getreide verzehrten die Vollwertköstlerinnen auch bei Gemüse und Obst Produkte überwiegend aus anerkannt ökologischem Anbau.

Etwa die Hälfte der Vollwertköstlerinnen ernährte sich vegetarisch, sie aßen also weder *Fleisch und Fleischwaren* noch Fisch. Die nicht-vegetarisch lebenden Vollwertköstlerinnen verzehrten etwa eine Portion Fleisch und zwei Scheiben Wurst pro Woche.

Die Vollwertköstlerinnen tranken zwar weniger *Milch* als die Mischköstlerinnen, aßen aber mehr Käse und Quark. Etwa 90 Prozent der Vollwertköstlerinnen und 40 Prozent der Mischköstlerinnen kauften ihre Milch umweltbewußt in Pfandflaschen oder im eigenen Gefäß.

Vollwertköstlerinnen bevorzugten Mineralwasser sowie Früchte- und Kräutertees. Mischköstlerinnen tranken hiervon weniger, dafür mehr Kaffee beziehungsweise schwarzen Tee und Erfrischungsgetränke (AALDERINK u. a. 1994).

Die Vollwertköstlerinnen nahmen im Vergleich zu den Mischköstlerinnen mehr Kohlenhydrate sowie weniger Fette und Proteine auf. Aus ernährungsphysiologischer Sicht sind ein hoher Kohlenhydratanteil sowie niedrige Fett- und Proteinanteile günstig. Die Vollwertköstlerinnen kamen damit den Empfehlungen der DGE (1992) recht nahe, eine weitere Verringerung des Fettanteils wäre allerdings wünschenswert. Das günstigste Verhältnis von Kohlenhydraten zu Fetten und Proteinen ergab die vegetarische Variante der Vollwert-Ernährung.

In den meisten Fällen war die *Vitaminzufuhr* bei den untersuchten Vollwertköstlerinnen höher als bei der Vergleichsgruppe, was insbesondere auf den hohen Anteil pflanzlicher Lebensmittel zurückzuführen ist. Die Zufuhr der Vitamine, die in erster Linie mit tierischen Lebensmitteln aufgenommen werden (Vitamine D, B_2, B_{12}), war dagegen et-

Folgelieferung September '98

was geringer. Wird die Höhe der Vitaminzufuhr mit den Empfehlungen der DGE (1992) verglichen, zeigt sich, daß diese bei den Vollwertköstlerinnen – außer bei den Vitaminen D und B_{12} – höher war als die Empfehlungen.

Die *Mineralstoffzufuhr* der Vollwertköstlerinnen überschritt ebenfalls die Höhe der DGE-Empfehlungen. Da diese Mineralstoffe jedoch größtenteils aus pflanzlichen Lebensmitteln stammen, muß deren geringere Verfügbarkeit berücksichtigt werden. Die vorwiegende pflanzliche Ernährungsweise der Vollwertköstlerinnen hatte ebenfalls eine hohe Zufuhr an Ballaststoffen und eine niedrige Aufnahme von Cholesterin zur Folge.

Bei den *Vitaminkonzentrationen* im Blut ergaben sich keine großen Unterschiede. Die einzige Ausnahme bildete das antioxidativ wirksame β-Carotin, wobei die Vollwertköstlerinnen fast doppelt so hohe Blutkonzentrationen aufwiesen wie die Vergleichsgruppe. Die Frauen, die am längsten Vollwert-Ernährung praktizierten, wiesen die höchsten β-Carotin-Konzentrationen im Blut auf, die in erster Linie auf den hohen Gemüse- und Obstverzehr zurückzuführen waren (Groeneveld, 1994).

Bei den Vollwertköstlerinnen konnte ein günstiger Einfluß auf einzelne *Fettstoffwechsel-Parameter* nachgewiesen werden, der allein auf die Kostform und nicht auf andere Einflüsse zurückzuführen war. So war der HDL-Cholesterin-Spiegel bei den Vollwertköstlerinnen höher, der Quotient aus LDL- und HDL-Cholesterin sowie der Triglyceridspiegel (letzterer nur bei den vegetarisch lebenden Vollwertköstlerinnen) niedriger als bei den Mischköstlerinnen. Keine Unterschiede wurden für Gesamt- und LDL-Cholesterin nachgewiesen (Hoffmann 1994).

Zusammenfassend kann aufgrund der Gießener Vollwert-Ernährungs-Studie festgestellt werden, daß die Empfehlungen für die Vollwert-Ernährung sehr gut in die alltägliche Praxis umsetzbar sind. Die Vollwertköstlerinnen berücksichtigten mit ihrem Ernährungsverhalten weitere Aspekte der Ernährung (vor allem die Umweltverträglichkeit).

Eine Verminderung von Ernährungsrisiken durch eine *energiereduzierte, fett- und cholesterinarme Kost* läßt sich mit der Vollwert-Ernährung realisieren. Darüber hinaus ist die hohe Vitaminzufuhr, speziell bei den Vitaminen E und C, sowie die hohe Zufuhr an Carotinoiden ein weiteres positives Merkmal der Vollwert-Ernährung, da diesen Substanzen aufgrund ihrer antioxidativen Wirkung eine große Bedeutung bei der Prophylaxe von Herz-Kreislauf-Erkrankungen und Krebs zugesprochen wird.

Schlußbemerkungen

Mit der Konzeption der Vollwert-Ernährung verbindet sich das Ziel, den komplexen Zusammenhängen des Ernährungssystems gerecht zu werden. Im Rahmen eines vernünftigen Lebensstilkonzepts wird versucht, einen Beitrag zur besseren Gesundheit aller Menschen, zur Erhaltung der Umwelt und zur weltweiten sozialen Gerechtigkeit zu leisten.

Die Grundidee der Vollwert-Ernährung stammt bereits aus der Antike. Seit Beginn dieses Jahrhunderts wird sie klinisch erprobt. Die vorliegenden Kenntnisse werden von Experten und Laien aufgegriffen und weiterentwickelt, die nach Lösungen für aktuelle Probleme suchen. Eine erweiterte Dimension erhält die Vollwert-Ernährung durch das neue Fachgebiet *Ernährungsökologie*, für das an der Universität Gießen ein Lehrangebot besteht. Es ist geplant, eine Professur für Ernährungsökologie in Gießen einzurichten.

Literatur

Am Ende von Teil 1.

Sektion 11,
Agrarpolitik, -kultur, -ökologie und soziale Aspekte

Folgelieferung September '98

Agrarpolitik
Teil 3: Kommunale Agrarpolitik

Dörfer und Landkreise, oft aber auch Städte beschäftigen sich zunehmend wieder mit der Landwirtschaft. Ausgelöst wird dieses kommunale Interesse häufig durch die Umweltproblematik. Hintergrund ist aber auch der Wunsch, negative Einflüsse der nationalen oder EU-Agrarpolitik zu kompensieren.

Stichworte: Kommunale Agrarpolitik als Korrektiv; Handlungsmöglichkeiten durch Basisnähe; Motive und Ziele kommunaler Agrarpolitik: Umweltschutz, Tierschutz, Naturschutz, Tourismus, Stadtplanung und Flächenbevorratung, Regionalentwicklung; Maßnahmen kommunaler Agrarpolitik: Information und Motivation, Produktion, Verarbeitung, Vermarktung, Umwelt- und Naturschutz, Planung

Folgelieferung September '98

FRIEDER THOMAS

Dieser Beitrag zeigt Ihnen:
- die Rolle der kommunalen Agrarpolitik
- die Ziele der kommunalen Agrarpolitik
- die Hintergründe kommunaler Agrarpolitik
- einige Beispiele kommunaler Agrarpolitik

Der direkte Einfluß einzelner landwirtschaftlich tätiger Menschen auf die Agrarpolitik scheint oft gering. Die Berufsverbände (der Bauernverband) betreiben meist eine Lobby-Politik, die den Zielen des ökologischen Landbaus entgegensteht. Die Anbauverbände selbst verfügen nicht über die finanziellen und personellen Kapazitäten, die notwendig sind, um sich jederzeit in Brüssel oder Bonn ausreichend Gehör zu verschaffen.

Angesichts dieser mißlichen Lage spricht vieles dafür, mit Bündnispartnern zu kooperieren, die ähnliche Ziele vertreten. Als Beispiel auf nationaler Ebene ist das AgrarBündnis zu nennen. Unter diesem Namen haben sich neben bäuerlichen Organisationen auch die großen Umwelt- und Naturschutzverbände, Verbrauchergruppen, Tierschutzverbände, entwicklungspolitische Initiativen und kirchliche Organisationen zusammengeschlossen (siehe Übersicht am Ende von Teil 1).

Kommunale Agrarpolitik als Korrektiv

Unabhängig von der Interessensvertetung kann aber auch auf der lokalen Ebene Politik betrieben werden. Hier kann das Engagement an verschiedenen strategischen Punkten ansetzen: Sei es direkt im Stadt- oder Gemeinderat oder indirekt über Gruppen, die Einfluß auf Gemeinderat, Umwelt- oder Wirtschaftsförderungsamt von Stadt oder Landkreis ausüben.

Zwar könnte man meinen, auf kommunaler Ebene – vielleicht weniger in ländlichen Gemeinden und Landkreisen, aber ganz sicher in Städten – handele es sich bei Agrarpolitik um ein exotisches Thema. In Teil 1 des Kapitels Agrarpolitik werden Gründe benannt, warum Kommunalpolitik und Landwirtschaft zumindest in der jüngeren Vergangenheit wenigen Berührungspunkte hatten.

Daß sich Kommunen heute wieder mit der Landwirtschaft beschäftigen, hängt stark mit der Diskussion über die Umweltprobleme zusammen, welche die häufig gerade von solchen Betrieben, die Wachstums- und Rationalisierungsideologie unserer Gesellschaft konsequent umgesetzt haben, verursacht werden.

Die Umweltproblematik allein hätte aber noch nicht zur Konsequenz, daß die kommunale Ebene politisch aktiv wird. Es ist jedoch offensichtlich, daß die Problemlösungsstrategien der Brüsseler und der Bonner Agrarpolitik einer Vielzahl von lokalen und regionalen Problemen nicht gerecht werden. Im Gegenteil, diese Agrarpolitik ist nicht nur nicht in der Lage, die Probleme zu lösen, sondern sie beteiligt sich maßgeblich an der Fehlentwicklung! Daher beinhaltet kommunale Agrarpolitik meist ein gewisses Maß an Brisanz, denn sie ergänzt die Politik der höheren Ebenen nicht im Sinne der Subsidiarität, sondern steht zu ihr im Widerspruch. Mit Subsidiarität ist folgender Zusammenhang gemeint: Jede politische Ebene sollte nur das ausführen, was sie am besten kann. Wenn untere Ebenen bessere Problemlösungsstrategien entwickeln können, soll die Kompetenz dorthin abgegeben werden.

Besondere Handlungsmöglichkeiten durch Basisnähe

Neben ihrer Funktion als Korrektiv sprechen für die Wiederbelebung kommunaler Agrarpolitik jedoch noch einige andere Gründe:

- Auf der lokalen Ebene können besonders gut problemangepaßte Lösungen gefunden werden.
- Auf der lokalen Ebene läßt sich ein Dialog verschiedener gesellschaftlicher Gruppen organisieren, bei dem gemeinsame Interessen gefunden werden können. Dies kann zu zielorientiertem gemeinsamen Handeln führen (Abbildung 1).
- Kommunen können sowohl selbst initativ sein, aber auch moderierend tätig werden.

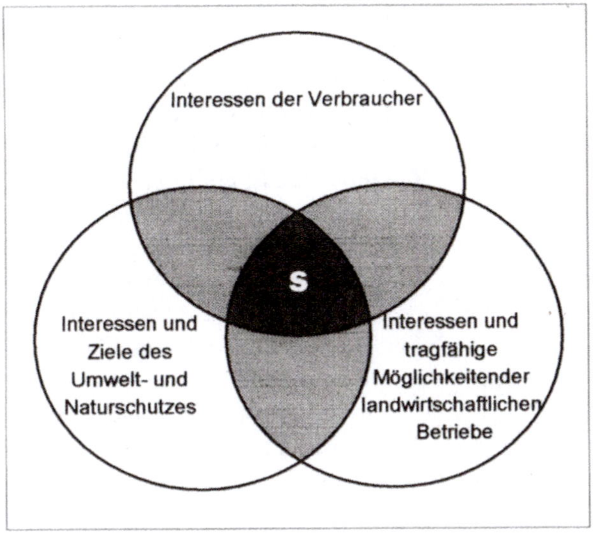

Abb. 1: *Dialog als Methode bei der Suche nach gemeinsamen Interessen (S = Schnittmenge der verschiedenen Interessen; hier liegen vielversprechende gemeinsame Lösungsmöglichkeiten)*

Folgelieferung September '98

- Kommunen können Vorbild sein – zum Beispiel durch die Beschaffung ökologisch erzeugter Waren in den eigenen Kantinen.

Neben dem ökologischen Aspekt spielt angesichts zunehmender Arbeitslosigkeit auch der Aspekt der Wirtschaftsentwicklung in den Kommunen eine zunehmend wichtigere Rolle. Regionale Wertschöpfung und Sicherung von Arbeitsplätzen kann durch eine Stärkung lokaler und regionaler Kreisläufe unterstützt werden (Tabelle 1). In diesem Zusammenhang bekommen Landwirtschaft und Ernährungsgewerbe als lokale Wirtschaftsfaktoren wieder stärkeres Gewicht. Verantwortung für die Stärkung lokaler Strukturen muß aber vor allem die lokale Politik übernehmen.

Typische Motive und Ziele kommunaler Agrarpolitik

In den Einleitungen der Broschüren, die sich mit der Landwirtschaft in Kommunen beschäftigen, entschuldigen sich häufig die Bürgermeister, Agrarpolitik zu betreiben. Bisweilen machen die Bauern in den Städten und Gemeinden nur noch weniger als ein Prozent der Bevölkerung aus. Von diesem marginalen Wert – meist noch gekoppelt mit einer ähnlich kleinen Zahl für die Bruttowertschöpfung – leiten die Texte jedoch über zum großen »aber«: Immer

Tabelle 1: Regionale Kreisläufe

	Ausgabe: 10 DM, Verbleib in der Region: 80 Prozent	Ausgabe: 10 DM, Verbleib in der Region: 20 Prozent
1.	8,00	2,00
2.	6,40	0,40
3.	5,12	0,08
4.	4,10	0,02
5.	3,28	
6.	2,62	
7.	2,10	
8.	1,68	
9.	1,34	
...	...	
42.	0,01	
	40,00	**2,50**

Diese Tabelle ist folgendermaßen zu lesen: Wenn von 10,– DM, die jemand ausgibt, 80 Prozent in der Region bleiben, zum Beispiel beim regionalen Handwerker oder Dienstleistungsunternehmen, sind das 8,– DM. Wenn von diesen 8,– DM wiederum 80 Prozent in der Region bleiben, sind das 6,40 DM und so weiter. Die innerregionale Wertschöpfung summiert sich auf 40,– DM!
Wenn nur jeweils 20 Prozent in der Region bleiben, sind es dagegen gerade 2,50 DM!

in der Region verbleibender Anteil der Ausgaben	in der Region verbleibender Anteil Wertschöpfung bei von ursprünglich 10,00 DM
20 %	2,50 DM
30 %	4,30 DM
40 %	6,70 DM
50 %	10,00 DM
60 %	15,00 DM
70 %	23,40 DM
80 %	40,00 DM
90 %	90,30 DM

noch ist die Landwirtschaft – auch in den meisten Städten! – die größte Flächennutzerin. Der Durchschnittswert in deutschen Großstädten liegt bei knapp einem Drittel der Fläche (31,2 Prozent). Dies ist ein Durchschnittswert aus 27 Antworten, die im Rahmen einer Umfrage bei allen deutschen Großstädten ausgewertet wurden. Die Größenordnung varierte von 8,0 Prozent in Kaiserslautern bis zu 53,4 Prozent in Ingolstadt.

Zwei Motive für das Handeln auf kommunaler Ebene stehen im Vordergrund. Auf der einen Seite steht die Angst vor umweltgefährdenden Produktionstechniken und daraus abgeleitet die Unterstützung einer umweltschonenden Landwirtschaft.

Auf der anderen Seite wird gerade in ländlichen Gebieten die Bedeutung der Landwirtschaft für die lokale Wertschöpfung erkannt. Die Kommunen können zwar keinen direkten Einfluß auf die Erzeugerpreise nehmen. Sie können jedoch versuchen, die Rahmenbedingungen so zu beeinflussen, daß die lokale Landwirtschaft gefördert wird.

Auch im Rahmen der Erarbeitung von lokalen »Agenden 21« rückt die Landwirtschaft wieder ins Blickfeld.

Umweltschutz

Steigende Nitrat- oder Pestizidgehalte im Grundwasser, das von meist kommunalen Wasserwerken teuer aufbereitet werden muß, haben vielerorts die Alarmglocken klingeln lassen. Zunehmend mehr Wasserwerke setzen dabei auf die Umstellung auf ökologischen Landbau (AGÖL und BUND (Hrsg.): Wasserschutz durch Ökologischen Landbau. Leitfaden für die Wasserwirtschaft). Jährlich vergibt die Stiftung »Deutsche Umwelthilfe« in einem Kommunalwettbewerb den Titel »Bundeshauptstadt für Natur- und Umweltschutz«. Auch hier wird nach Aktivitäten im landwirtschaftlichen Bereich gefragt; zum Beispiel nach der Einrichtung von Öko- oder Bauernmärkten oder nach der Verwendung von synthetischen Pflanzenschutzmitteln auf gemeindeeigenen Flächen. 1994 gaben 16 teilnehmende Gemeinden an, daß bei ihnen bei öffentlichen Veranstaltungen Produkte aus kontrolliert-ökologischem Anbau angeboten werden.

Tierschutz

Im Schlachthof der Stadt München dürfen nur Tiere geschlachtet werden, die nicht weiter als 300 Kilometer transportiert wurden und weniger als sechs Stunden unterwegs waren.

Naturschutz, Grünplanung, Tourismus

Von großem Interesse für die Kommunen ist die Pflege der (bäuerlichen) Kulturlandschaft. Die Motivationen hierfür sind vielfältig.

Kooperation wird mit der Landwirtschaft im Bereich von Naturschutz- und anderen pflegebedürftigen Gebieten gesucht, wo Flächen zwar nicht mehr produktiv genutzt, aber durch Landwirte mit entsprechendem Know-how gepflegt werden sollen. Kooperationen gibt es auch für die Aufrechterhaltung besonderer Produktionsformen, die unter den gegenwärtigen Rahmenbedingungen ökonomisch nicht mehr tragfähig sind (Streuobst, Nutzung von Feuchtgrünland oder Magerrasen, Haltung seltener Haustierrassen und ähnliches).

Neben dem Naturschutz (Arten- und Biotopschutz) geht es häufig auch um die Gestaltung einer freizeitgerechten Erholungslandschaft. Auf weniger produktiven Standorten drohen große Flächen brach zu fallen (wie in Saarbrücken und anderen Mittelgebirgsstandorten). Ohne Landwirtschaft und ohne teure Pflege entsteht dort eine Landschaft, die den ästhetischen und ökologischen Wertvorstellungen nicht entspricht. Die Existenz der Landwirtschaft ist hingegen auf hochproduktiven Flächen – beispielsweise im Randbereich von Städten wie Frankfurt oder Hannover – zumindest aus ökonomischer Sicht kaum bedroht. Die auf diesen Gemarkungen entstandenen monotonen Agrarlandschaften sind aber ebenfalls nicht erwünscht. Daher haben die Kommunen das Bedürfnis, einerseits direkt planend in die Bewirtschaftungsformen selbst einzugreifen. Andererseits bemüht man sich um die Landwirte als »Landschaftspfleger«, weil sie das Know-how und die Maschinen besitzen und entsprechende Arbeiten billig durchführen können.

Neben der Erholungslandschaft für ihre Bürger sind Gemeinden, bei denen der Tourismus eine Rolle spielt, ebenfalls an dem Erhalt einer traditionellen Landschaft interessiert. Die Aktivitäten der Gemeindeverwaltung in Hindelang im Allgäu haben maßgeblich dazu beigetragen, daß alle (!) Betriebe der Gemeinde sich verpflichtet haben, nach Richtlinien zu wirtschaften, die den Grundsätzen des Ökologischen Landbaus sehr nahe kommen. Ein Beitritt aller Betriebe zu einem Verband des Ökologischen Landbaus war vor allem aus ideologischen Gründen nicht möglich.

Stadtplanung

Zu dem Wunsch, die Landwirtschaft möge das Umland der Städte und Gemeinden entsprechend »angenehm« gestalten, gesellt sich der Wunsch nach stadtinterner Gestaltung. Das Interesse städtischer Verbraucher an Bauernmärkten nimmt zu. Sei es aus Interesse an frischen Produkten, sei es aus Spaß am »Einkaufserlebnis Wochenmarkt«. Es hat sich bei den Stadtplanern herumgesprochen, daß man mit Bauernmärkten öde Plätze wiederbeleben kann.
Die Stadtplanung hat es aber nicht nur mit dem Wunsch nach einer Reintegration der Landwirtschaft durch Bauernmärkte zu tun: Zunehmend kommt es an Siedlungsrändern zu Konflikten zwischen Wohnbevölkerung und landwirtschaftlichen Betrieben. Letztere waren zwar »früher da«, müssen aber häufig den sich wandelnden Ansprüchen der städtischen Bevölkerung weichen. In der Schweiz wird daher – zum Schutz der Landwirte – ähnlich der Gewerbegebiete die Ausweisung von Landwirtschaftszonen diskutiert.

Flächenbevorratung

Kommunalpolitische Aktivitäten sind jedoch nicht immer auf den Vorteil von Umwelt oder Landwirtschaft ausgerichtet. Der – vorläufige – Erhalt der Landwirtschaft kann auch ganz andere Gründe haben: die Flächenbevorratung. Am Stadt- und Dorfrand waren und sind landwirtschaftliche Flächen immer potentielles Bauland und die landwirtschaftliche Bewirtschaftung war und ist für die Kommunen eine sehr kostengünstige Form der Flächensicherung. Wald oder Flächen, auf denen Arten der roten Listen wachsen und leben, sind rechtlich wesentlich schwerer in Siedlungs-, Gewerbegebiete oder Verkehrsflächen umzuwandeln als landwirtschaftliche Flächen. Wenn die zunehmenden Betriebsstillegungen nicht aufgehalten werden können, müßten neue Formen der Flächensicherung gefunden werden. Der Erhalt der Betriebe scheint daher die sicherste Variante zu sein.

Regionalentwicklung

Der Erhalt und die Schaffung von Arbeitsplätzen sowie die Bereitstellung von Infrastruktur für eine umweltschonende und tiergerechte Landwirtschaft und ein entsprechendes Ernährungsgewerbe bekommt immer größere Bedeutung. Interesse am Erhalt und an der Schaffung von Arbeitsplätzen mit der Blickrichtung Landwirtschaft gibt es vor allem in ländlichen Gemeinden und Landkreisen. So hat beispielsweise der in der Landwirtschaft hoch produktive Landkreis Wetterau bereits in den achtziger Jahren ein spezielles Beratungsprogramm – unabhängig von der Agrarverwaltung! – ins Leben gerufen. Landwirte werden unterstützt, sich über Direktvermarktung oder die Verarbeitung eigener Produkte neue Einkommensquellen zu erschließen. Ein gemeinsamer Verein und ein Logo (Wetterauer Direktvermarkter) wurde geschaffen. Arbeitsplätze sollen dadurch gesichert oder neu eingerichtet werden. Ein richtiger Ansatz, wenn man bedenkt, daß allein im Jahr 1993 in Deutschland 36.000 landwirtschaftliche Vollzeitarbeitsplätze, 36.000 Teilzeitstellen und 8.000 Arbeitsplätze von SaisonarbeiterInnen verloren gegangen sind.

Die Maßnahmen zielen in der Regel auf den Erhalt möglichst vieler Arbeitsplätze in der Landwirtschaft und in den ihr vor- und nachgelagerten Bereichen. Die Schließung der früher meist kommunalen Schlachthöfe ist schon weit vorangeschritten: aber nun gibt es erste Ansätze, diese Entwicklung zu stoppen. In Überlingen am Bodensee konnte durch eine Initiative von Bauern- und Umweltschutzgruppen der Stadtrat dazu bewegt werden, einen kleinen Schlachthof zu erhalten, der für die lokalen Metzger eine große Bedeutung hat.

Selbst bei Molkereien gibt es inzwischen ähnliche Beispiele: Die Gemeinde Willingen im nordhessischen Upland hat mit Unterstützung des Landes Hessen eine stillgelegte Molkerei aufgekauft und verpachtet sie an eine Erzeugergemeinschaft von Biobauern. Der Bund für Umwelt- und Naturschutz (BUND) hat die Molkerei durch den Kauf von Gesellschaftsanteilen unterstützt. Die Motivation der Gemeinde Willingen bestand vor allem darin, Arbeitsplätze zu erhalten und die Milcherzeugung in der grünlandgeprägten und vom Tourismus abhängigen Region zu sichern.

Oft werden auch regionale Warenzeichen kreiert. Hier können jedoch Konflikte mit dem Ökologischen Landbau auftreten, denn diese regionalen Warenzeichen erheben zwar meist einen Qualitätsanspruch. Dieser deckt sich aber nicht zwangsläufig mit den Ansprüchen des Ökologischen Landbaus. Arbeiten ökologisch wirtschaftende und konventionelle Betriebe im Rahmen der Wetterauer Direktvermarkter noch Hand in Hand, so hat die Kreation der Regionalmarke »Brucker Land« im bayerischen Landkreis Fürstenfeldbruck zu teilweise heftigen Auseinandersetzungen geführt, weil die Regionalmarke umweltschonende Wirtschaftsweisen vorschreibt, damit aber zu einer ernstzunehmenden Konkurrenz für Bioprodukte wurde ohne den hohen Bio-Standard zu gewährleisten.

Maßnahmen kommunaler Agrarpolitik

Aufgrund der vielfältigen Hintergründe der Motivation sich mit Landwirtschaft zu beschäftigen, gibt es eine Fülle von möglichen Maßnahmen auf kommunaler Ebene.

Zwar werden die finanziellen Spielräume für die Kommunen angesichts knapper Kassen immer enger und die Pflichtaufgaben der Gemeinden (von Sozialhilfe bis Müllabfuhr, vom Schulwesen bis zur Veterinäraufsicht) haben in dieser Situation natürlich Vorrang.

Besonders erfolgreich sind Maßnahmen, die unterschiedlichen Interessen zugute kommen. Ein Beispiel sind die vielerorts reaktivierten Bauernmärkte: Sie tragen zur regionalen Wertschöpfung bei, sie unterstützen indirekt die Ökologisierung der Landwirtschaft, weil Direktvermarktung sehr häufig mit Qualitätserzeugung einhergeht, sie fördern die Attraktivität der jeweiligen Wohnviertel und der Innenstädte.

Einen Überblick über kommunale Maßnahmen gibt der Anhang am Ende dieses Kapitels.

Information und Motivation – Koordination und Organisation

Vielfältig sind die Möglichkeiten in diesem Bereich, sie reichen von der Öffentlichkeitsarbeit und Verbraucherpolitik bis zur Beratung landwirtschaftlicher Betriebe.

Es ist eine wesentliche Erkenntnis bei fast allen basisorientierten Programmen, daß ausreichende personelle Kapazitäten wichtiger sind als finanziell umfangreich ausgestattete Förderprogramme. Das Einschlagen neuer Wege erfordert vor allem Information, Organisation und Koordination. Es müssen Informationen beschafft werden, wie ähnliche Projekte anderswo gelaufen sind. Rechtliche Fragen müssen geklärt werden. Die verschiedenen Beteiligten müssen an einen Tisch gebracht werden. Aktive Menschen sind hierbei wichtiger als Geld.

Produktion

Die Förderung der Umstellung auf ökologischen Landbau im Landkreis Verden, im Erftkreis oder in den Gemeinden Korntal-Münchingen oder Wadgassen gehören zu den »frühen« Ansätzen ökologisch ausgerichteter kommunaler Agrarpolitik. Die Erfahrungen haben jedoch gezeigt, daß diese Programme nicht wesentlich dazu beigetragen haben, Betriebe zum Umstellen zu bewegen. Durch das Extensivierungsprogramm und die Flankierenden Maßnahmen im Rahmen der EG-Agrarreform haben diese Programme ohnehin »Konkurrenz« auf höherer Ebene bekommen und Doppelförderungen sind in den EU-Programmen ausgeschlossen. Die Kommunen sollten sich daher, wenn sie im Produktionsbereich aktiv werden möchten, ganz spezifischer lokaler Problemlagen annehmen (siehe auch unten: Umwelt- und Naturschutz).

In vielen größeren Städten wird die Wirtschaftsweise auf eigenen Gütern umgestellt, die dann auch als Modellbetriebe dienen können. Oft werden auch die eigenen Betriebe unter der Bedingung verpachtet, die Wirtschaftsweise umzustellen.

Verarbeitung, Vermarktung

Die Vermarktung spielt aus verschiedenen Gründen eine zentrale Rolle. Hier kommen VerbraucherInnen und Landwirtschaft in Kontakt. Hier ist meist mehr zu verdienen als in der Produktion selbst. Die Märkte für ökologisch erzeugte Produkte sind sehr eng geworden, so daß dringend etwas getan werden muß.

In den kommunalen Programmen findet man daher oft die Vermarktungsberatung oder die Initiierung von Erzeugergemeinschaften. Wochenmärkte – meist als Bauernmärkte, gelegentlich als reine Bio-Märkte konzipiert – haben ebenfalls wieder Konjunktur.

Die Rolle der Städte, Gemeinden und Landkreise als VerbraucherInnen ist neu entdeckt worden. An vielen Orten wird versucht, Kantinen entweder mit Bio-Produkten oder mit regional erzeugter Ware zu versorgen.

Es gibt ebenfalls Initiativen zur Entwicklung eines regionalen Warenzeichens, das gemeinsamen von Landwirtschaft und regionalem Verarbeitungshandwerk getragen wird.

Erkannt wurde inzwischen auch wieder, daß es eine Aufgabe der Kommunen sein kann, sich um eine dezentrale Infrastruktur im Verarbeitungsgewerbe (Schlachthöfe, Molkereien, Mühlen und ähnliches) zu kümmern. Der Erhalt einer solchen Infrastruktur ist für eine Qualitätserzeugung und für Verbrauchernähe von grundlegender Bedeutung.

Umwelt- und Naturschutz

Am häufigsten wird von Kommunen wohl im Grenzbereich von Landwirtschaft, Umwelt- und Naturschutz gehandelt.

1986 begann die Stadt Schwäbisch Hall spezielle landschaftspflegerische Leistungen zu fördern, wie die Bewirtschaftung oder den Erhalt von Streuobstwiesen, Feuchtwiesen, Uferrandstreifen, die extensive Nutzung von Ackerflächen, die Errichtung von Schutzhecken oder die Umwandlung von Ackerland in Grünland. Für die einzelnen Maßnahmen konnten die Bauern Bewirtschaftungsverträge mit der Stadt abschließen. Schwäbisch Hall betrat damals Neuland. Inzwischen haben es die Bundesländer übernommen, Programme zum Naturschutz und zur Landschaftspflege aufzulegen. Außerdem schießen Landschaftspflegeverbände (LPV) allerorten aus dem Boden. In den LPV sind Umwelt- und Naturschutzverbände, Land- und Forstwirtschaft und KommunalpolitikerInnen vertreten. Die LPV betreiben Naturschutz meist auf Landkreisebene.

Die Idee, unsere Kulturlandschaft durch Pflegeverbände zu erhalten, ist nicht unumstritten. Denn eine mit Steuergeldern bezahlte Pflege ist langfristig nicht tragfähig (nachhaltig). Landschaftspflegeverbände schließen daher zunehmend Vermarktungskonzepte in ihre Strategien ein.

Planung

Bei der Regional- und Landschaftsplanung kann die Landwirtschaft viel stärker berücksichtigt werden, als bisher. Der Stadtverband Saarbrücken hat zum Beispiel eine AVP (Agrarstrukturelle Vorplanung) genutzt, um die Vorstellungen einzelner Betriebe in die (Flächen-)Planung der Stadt einzubeziehen. In der Gemeinde Stephanskirchen ist im Rahmen der Entwicklungsplanung mit allen Landwirten gesprochen worden. Die Vorstellungen der Landwirte über die Entwicklung ihres Betriebes sind in die Planungen eingeflossen. Aufgrund der Erkenntnisse über die Bedürfnisse der landwirtschaftlichen Betriebe wird in Stephanskirchen eine kleinere Molkerei neu eingerichtet.

Fazit

Die Liste von sinnvollen Aktivitäten, die im Rahmen des Handlungsspielraums von Städten, Gemeinden und Landkreisen unterstützt werden können, ist lang. Insgesamt ist es zwar überaus erfreulich, daß die Zahl der Kommunen, die etwas für ihre Landwirtschaft tun, ständig steigt. Vielerorts fehlt es aber noch an Initiativen, die diese Ideen in Gemeinde-, Stadt- und Kreisparlamente hineintragen. Es ist zu wünschen, daß die vielfältigen und zur Zeit noch freiwilligen Aktivitäten dazu führen, daß tatsächlich Kompetenzen und Haushaltsmittel von oben nach unten verlagert werden.

Bäuerinnen und Bauern sollten sich rechtzeitig in die kommunale Politik einmischen, denn – wie sich beispielsweise bei der Flächenbevorratungspolitik zeigt – es geht nicht immer um Interessen der Landwirtschaft. Doch wie es bei Interessenskonflikten gemeinhin ist: Die unterschiedlichen Interessen verschiedener gesellschaftlicher Gruppen werden nicht grundsätzlich beseitigt werden können. Wenn diese Situation jedoch im offenen Dialog angegangen wird, sollte es möglich sein zu Lösungen zu kommen, die sowohl den Kommunen, der Landwirtschaft als auch anderen gesellschaftlichen Gruppen nützen werden.

Literatur

AGÖL und BUND (Hrsg.): *Wasserschutz durch Ökologischen Landbau. Leitfaden für die Wasserwirtschaft.*

DEUTSCHE UMWELTHILFE: *Kommunalwettbewerb, jeweiliger Jahrgang, Abschlußbericht. Diese Abschlußberichte als auch die Bewerbungsunterlagen sind erhältlich bei: Deutsche Umwelthilfe, Güttinger Straße 19, 78315 Radolfzell.*

FRIEDER THOMAS, MANUEL SCHNEIDER, JOBST KRAUS (HRSG.) (1995): *Kommunen entdecken die Landwirtschaft - Perspektiven und Beispiele einer zukunftsfähigen Agrarpolitik in Dorf und Stadt. Alternative Konzepte Band 94. C.F.Müller Verlag. Heidelberg.*

ULRICH JASPER, CLAUDIA SCHIEVELBEIN U.A. (1997): *Leitfaden zur Regionalentwicklung. Mit Beiträgen aus Landwirtschaft, Verarbeitung und Vermarktung. ABL-Verlag. Rheda-Wiedenbrück.*

BRINK, ANTJE ET AL. (1994): *Landwirtschaftsprogramm Hannover – Umsetzungsschritte und Maßnahmen zur Ökologisierung der Landwirtschaft in Hannover. In: Schriftenreihe kommunaler Umweltschutz Heft 8. Herausgegeben von der Landeshauptstadt Hannover/Der Oberstadtdirektor/Amt für Umweltschutz. Hannover.*

ECO REGION FORSCHUNGS- UND BERATUNGSGESELLSCHAFT MBH (1994): *Handlungskonzept Ökologische Landwirtschaft Hamburg. Gutachten im Auftrag der Umweltbehörde Hamburg. Tangstedt.*

HÖLL, ANDREAS UND HEINO VON MEYER (1992): *Umweltgerechte Landbewirtschaftung in Frankfurt am Main - Konzept für ein Frankfurter Programm zur Entwicklung umweltgerechter Landbewirtschaftung. Gutachten im Auftrag des Umweltamtes der Stadt Frankfurt am Main. Frankfurt.*

KURATORIUM FÜR TECHNIK UND BAUWESEN IN DER LANDWIRTSCHAFT E.V. (KTBL) (1995): *Umweltverträgliche Landbewirtschaftung in Verdichtungsräumen. Arbeitspapier 213.*

PFAHLER, FLORIAN (1993): *Rahmenbedingungen für die Förderung des Ökologischen Landbaus auf regionalpolitischer Ebene, dargestellt am Rheinland. Diplomarbeit, Universität Gesamthochschule Kassel, Fachbereich 11. Witzenhausen.*

Anhang zu Teil 3:

Agrarpolitische Maßnahmen von Landkreisen und Großstädten

Ergebnisse von rund 30 Großstädten und 100 Landkreisen. In Klammern die insgesamt genannten Maßnahmen

Maßnahmen und Initiativen der Landkreise

Vermarktung (65)

- Vermarktung an die regionale Gastronomie
- Direktvermarktungsbroschüren
- Einrichtung von Bauernmärkten
- Unterstützung oder Initiierung von Erzeugergemeinschaften und Vermarktungsinitiativen in verschiedensten Bereichen (wie Fleisch, Braugerste, (Streu)Obst)
- Finanzierung von Vermarktungsgutachten
- In vier Landkreisen wurde ein regionales Warenzeichen kreiert
- Beratung von Direktvermarktern

Landschaftspflege und Extensivierungsprogramme (48)

- Landschaftspflege, Aufbau eines Biotopverbundsystems, Pflege-, Bewirtschaftungs- und Extensivierungsverträge und -programme in vielfältigen Variationen
- Gründung oder Bezuschussung eines Landschaftspflegeverbandes
- Eine Förderung der Umstellung zum ökologischen Landbau, die über die Programme von Bund und Ländern hinausgeht

Tierzucht/Tierhaltung (28)

- Beiträge für Tierzuchtvereine und Imker
- Förderung von Viehmärkten, Kreistierschauen, Zahlung von Auftriebsprämien, Zuchtviehankauf

Unterstützung von Hilfsdiensten (26)

- Zuschüsse für Maschinenringe, Betriebshilfsdienste oder für die Dorfhelferinnenstation

Zuschuß für Analysen (22)

- Boden-, Futtermittel- und Gülleanalysen
- Prüfung von Pflanzenschutzmittelgeräten

Aus- und Fortbildung, Information, Öffentlichkeitsarbeit (21)

- Fortbildung, Vorträge, allg. Infobroschüren, Erhalt von Landwirtschaftsschulen deren Schließung anstand, Bezuschussung von (Hof)festen und Tagen der offenen Tür, Durchführung von Messen
- Einrichtung eines Schulbauernhofs, eines Kreismustergartens oder eines landwirtschaftlichen Museums

Förderung landwirtschaftlicher Organisationen (15)

- Bedeutet meist Überweisung eines Mitgliedsbeitrages, (Kreisbauernverband, Obst-, Garten- und Weinbauverbänden, Landjugend, Landfrauen oder ähnliches)

Pflanzenbau (15)

- Bezuschussung von Kalkdüngung, Anwendung von Alternativen im Pflanzenschutz, Zwischenfruchtanbau, Grünkernanbau, Klee-, Lupinen- und Wickeneinsaat oder umbruchloser Grünlanderneuerung
- Beteiligung an einem Pilotprojekt umweltschonender Maisanbau
- Organisation einer Güllebörse

Fremdenverkehr (9)

- Investitionsförderung beim Ausbau für »Ferien auf den Bauernhof«
- Erstellen von Broschüren »Urlaub auf dem Bauernhof«

Folgelieferung September '98

Erstellen von Gutachten und Entwicklungskonzepten (7)

Gewährung von Investitionskostenzuschüssen (7)

- zum Beispiel für Jauche- und Güllegruben, Festmistplatten, Maschinen für Extensivierung und Pflege oder für den Ankauf von Maschinen für Gemeinschaftseinrichtungen

Sonstiges

- Abfallentsorgungskonzepte und Kompostierung in Zusammenarbeit mit den Landwirten (5)
- Kooperation mit der Wasserwirtschaft (3)
- Förderung einer Forschungs- und Vermarktungsagentur für Nachwachsende Rohstoffe (1)
- Verarbeitung: Zuschuß für den Aufbau einer Rapsölkaltpresse (1)

Maßnahmen und Initiativen der Großstädte

Landschaftspflege und Extensivierungsprogramme in vielfältigen Variationen (33)

Vermarktung (21)

- Einrichtung von Bauernmärkten, Wochenmärkten oder reinen Öko-Bauernmärkten
- Förderung des Absatzes über Großküchen
- Herausgabe einer Direktvermarkterbroschüre
- Beteiligung an einem Vermarktungsprogramm für Getreide aus extensivem Anbau

Information – Öffentlichkeitsarbeit (13)

- Info-Veranstaltungen, Ausstellungen, Umweltjahrmarkt und andere
- Präsentation eigener Produkte auf einer Messe
- Infobroschüren zum ökologischen. Landbau, für Kleingärtner; Broschüre »Umweltfreundliche Pflege von Grünanlagen«

Pachtpolitik (10)

- Verpachtung städtischer Höfe/Güter mit der Auflage, nach den Richtlinien zum ökologischen/integrierten Landbau zu wirtschaften
- Bei Pachtvergabe Bevorzugung von Biobetrieben
- Ökologische Auflagen in Pachtverträgen für stadteigene Flächen; Herbizidverbot auf neu verpachteten städtischen Liegenschaften/ Pachterlaß bei Herbizidverzicht auf gesamter Betriebsebene
- Verpachtung landwirtschaftlicher Flächen erfolgt nur an Haupterwerbsbetriebe

Pflanzenbau (9)

- Verbot von Pestiziden auf städtischen Flächen, in Kleingärten oder auf öffentlichen Plätzen
- Beschränkung des Düngemitteleinsatzes in städtischen Kleingärten per Kleingartenverordnung
- Bereitstellung von landwirtschaftlichen Spezialgeräten
- Förderung des ökologischen Obstbaues
- Förderung des biologischen Pflanzenschutzes

Beratung (8)

- Düngeberatung, Beratungsstelle für (Streu-) Obstbau, Förderung der Beratung für ökologische landwirtschaftliche Betriebe, Extensivierungsberatung, enge Zusammenarbeit mit einem wissenschaftlichen Zentrum

Investitionskostenzuschüsse (5)

- Förderung umweltfreundlicher Technologien: Maschinen, Stallentlüftung, Güllelagerung und andere
- Zusatzförderung von Umstellungsbetrieben in den beiden ersten Jahren durch Verdoppelung der Förderprämie
- Im Wasserschutzgebiet: Rund 60 Bauernhöfe mit rund 1.500 ha haben seit Herbst 1992 auf Anregung der Stadt (Förderprogramm) auf ökologische Landwirtschaft umgestellt.

Verarbeitung (4)

- Erhalt/Privatisierung/Auslaufenlassen des kommunalen Schlachthofes

Bewirtschaftung eigener Güter (3)

- Ökologische Bewirtschaftung der eigenen Güter/Höfe

- Aufbau eines neuen ökologisch wirtschaftenden Betriebes (Expo-Projekt)

Runde Tische (3)

- Gesprächskreise, an denen Vertreter verschiedener gesellschaftlicher Gruppen teilnehmen

Modellprojekt/Kooperation mit der Wasserwirtschaft (3)

Analysen (2)

- kostenlose N_{min}-Untersuchungen

Tierschutz (1)

- Entfernungsbegrenzung (6 Stunden, 300 km) für Tiere, die am Schlachthof angeliefert werden

Fremdenverkehr (1)

- Entwurf für eine Hessische Apfelwein- und Obstwiesenroute

Nutzung der Eingriffs-Ausgleichs-Regelung (1)

- Förderung der Umstellung landwirtschaftlicher Betriebe im Rahmen des naturschutzrechtlichen Ausgleichs zur Verbesserung des Naturhaushaltes

Die globale Klimaänderung
Teil 1: Der Treibhauseffekt

Durch ihren riesigen Energiehunger bringt die moderne Zivilisation das Klima aus dem Gleichgewicht, das durch seine weitgehend konstanten Bedingungen in den vergangenen fünftausend Jahren die historische Entwicklung der Menschheit enorm begünstigt hat

Stichworte: Treibhausgase und Treibhauseffekt, Eis- und Warmzeiten, El Niño, anthropogener Treibhauseffekt, Ozonschicht, Literatur

BERNHARD BURDICK

Folgelieferung September '98

Dieser Beitrag zeigt Ihnen:
- wie einige Gase in der Atmosphäre das Sonnenlicht einfangen und damit die Temperaturen auf dem Globus anheizen
- wie sich die Konzentration solcher Treibhausgase ändert
- wie die moderne Zivilisation das Klima aus dem Gleichgewicht bringt

Der Begriff »Treibhauseffekt« versucht anschaulich physikalische Vorgänge in der Lufthülle unserer Erde zu beschreiben. Die Atmosphäre wirkt vergleichbar den Scheiben eines Gewächshauses. Die energiereichen Sonnenstrahlen dringen weitgehend ungehindert bis zur Erde durch und erwärmen die Erdoberfläche. Verschiedene Gase (wie Wasserdampf (H_2O), Kohlendioxid (CO_2), Methan (CH_4), bodennahes (= troposphärisches) Ozon (O_3) und Distickstoffoxid (N_2O) Abb. 3) in der Atmosphäre verringern jedoch die Wärmeabstrahlung von der Erdoberfläche und der unteren Atmosphäre in den freien Weltraum. Die Erde und ihre Atmosphäre heizen sich auf. Diesem natürlichen Treibhauseffekt ist es zu verdanken, daß wir auf der Erde eine mittlere Temperatur von etwa +15 °C haben. Dadurch wurde das Leben, wie wir es heute kennen, erst möglich. Ohne Atmosphäre und ohne diesen natürlichen Treibhauseffekt läge die Temperatur um 20 bis 30 °C niedriger und weite Teile der Erde wären von Eis bedeckt.

In der Vergangenheit war die Konzentration der Treibhausgase relativ stabil. Beispielsweise schwankte die CO_2-Konzentration etwa zwischen 200 und 280 ppm (parts per million), 1996 lag sie dagegen bereits bei 362 ppm (Abb. 1). Untersuchungen zu dem Klima in prähistorischer Zeit zeigen einen engen Zusammenhang zwischen der Temperatur und der Konzentration der

Treibhausgase während der vergangenen 200.000 Jahre.

In Eiszeiten waren sowohl die Konzentration der Gase als auch die Temperatur in der Atmosphäre um etwa 5 °C bis 10 °C niedriger als in den Warmzeiten. Die Übergänge zwischen Eis- und Warmzeit vollzogen sich über mehrere Jahrtausende. Ausgelöst wurden sie vermutlich von zyklischen Unregelmäßigkeiten der Erdlaufbahn, eventuell verstärkt durch Veränderungen der Sonnenaktivität oder durch Vulkanausbrüche, vor allem aber durch systemeigene Rückkopplungseffekte.

Klima und Klimaänderungen sind noch viel komplexer und unberechenbarer als die »Entstehung« von Wetter und Witterung (Kapitel 11.11). Das Klima wird wesentlich beeinflußt von zahlreichen Wechselwirkungen und Rückkopplungseffekten zwischen den bio-geochemischen Kreisläufen der Erde (wie dem Kohlenstoff- und Wasser(dampf)kreislauf, den Meeresströmungen, der Eisbedeckung und der Vegetation (Burdick, 1994)).

Vor einigen Jahren wurden aus paläoklimatologischen Untersuchungen von Eisbohrkernen mehrere sehr kurzfristige, abrupte Klimaschwankungen in prähistorischer Vergangenheit beschrieben. Innerhalb von weniger als einem Jahrzehnt soll es zu Temperaturstürzen

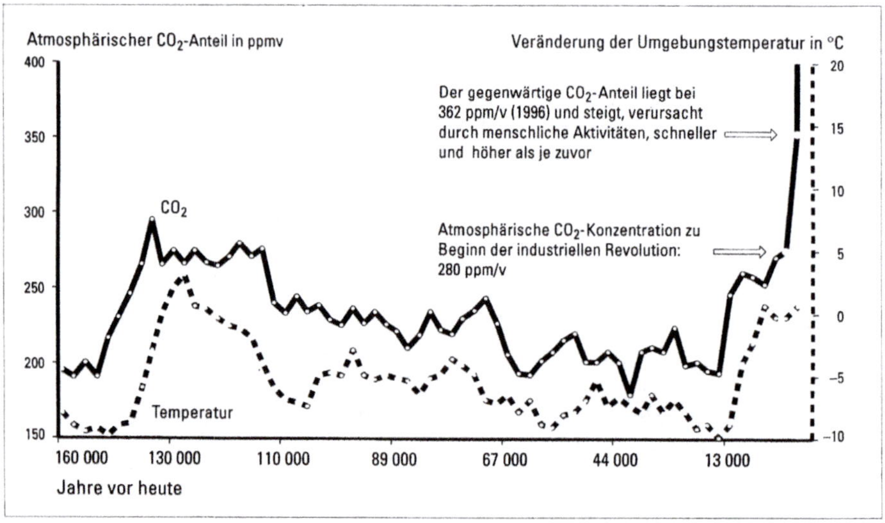

Abb. 1: *Korrelation der CO_2-Konzentration und der Temperaturveränderungen während der vergangenen 160.000 Jahre* (Barnola, 1987)

um 5 °C bis 10 °C gekommen sein. Diese Klimasprünge hingen vermutlich mit den Meeresströmungen, also der Zirkulation von Wärme und Salzgehalt in den Weltmeeren zusammen (siehe Teil 3).

Ein bekanntes Beispiel für die Tragweite selbst kurzzeitiger, regionaler Klimaphänomene ist das regelmäßig wiederkehrende »El Nino«-Ereignis. Im Abstand von etwa fünf bis acht Jahren setzt um die Weihnachtszeit vor der Pazifikküste Südamerikas das sonst übliche Aufquellen kalten, nährstoffreichen Tiefenwassers des Humboldtstroms aus. Die Meeresoberfläche erwärmt sich um mehrere Grad Celsius und der Fischreichtum der Küstengewässer geht dramatisch zurück. Begleitet werden »El Nino«-Ereignisse von weitreichenden Veränderungen. Im regenreichen indonesischen Raum bleibt der Monsun aus, es kommt zu Dürren und Mißernten, die zum Teil auch den gesamten indischen Subkontinent betreffen. In Süd- und Mittelamerika kommt es hingegen zu starken Niederschlägen und verheerenden Überschwemmungen. Das »El Nino«-Ereignis im Winter/Frühjahr 1997/98 war das stärkste bisher beobachtete. In Australien brach eine große Dürre aus. In Indonesien kam es zu umfangreichen Waldbränden und in Nordamerika zu verfrühten Wintereinbrüchen, außergewöhnlich starken Niederschlägen, Stürmen und Überschwemmungen. Es wird vermutet, daß die steigende Intensität der »El Nino«-Ereignisse ein Indiz für die globalen Klimaänderungen ist.

Viele der skizzierten Zusammenhänge um Treibhauseffekt und Klimaänderungen sind bisher noch unzureichend erforscht, so daß sich für Aussagen über die Vergangenheit wie auch über die Zukunft unseres Klimas einige Unsicherheiten ergeben. Gleichwohl gibt es grundlegende Fakten, die von kaum einem seriösen Wissenschaftler angezweifelt werden:

- Der Treibhauseffekt durch die verschiedenen Treibhausgase in der Atmosphäre ist ein physikalischer Vorgang.
- Die globale Mitteltemperatur der unteren Atmosphäre ist abhängig von der Konzentration der Treibhausgase in der Atmosphäre.
- Die Zunahme der Treibhausgase und die bereits beobachteten Veränderungen des Klimas (Teil 3) sind mit größter Wahrscheinlichkeit auf den Einfluß des Menschen zurückzuführen (IPCC, 1995; MPI, 1997).

Der zusätzliche, »anthropogene« Treibhauseffekt

Als Folge der Industrialisierung gibt die Menschheit enorme und weiterhin steigende Mengen von Treibhausgasen in die Atmosphäre ab. Über Jahrmillionen wurde im Erdinneren der Kohlenstoff der abgestorbenen Biomasse gespeichert. Erst seit etwa 200 Jahren, dafür aber in exponentiell wachsendem Umfang, wird dieser als Kohle, Erdöl und Erdgas aus der Erde geholt und als fossiler Energieträger in Industrie, Verkehr und Haushalten zu Kohlendioxid (CO_2) verheizt. Der weltweite Verbrauch fossiler Energien verursacht mehr als sechzig Prozent der Wirkungen aller freigesetzten Treibhausgase. Am nationalen Treibhauspotential hat der CO_2-Ausstoß durch die Verbrennung fossiler Energien sogar einen Anteil von siebzig bis achtzig Prozent.

Die Hälfte des bisher zusätzlich freigesetzten CO_2 wurde von den Ozeanen aufgenommen, die andere Hälfte reicherte sich in der Atmosphäre an. Deren CO_2-Konzentration hat daher seit Beginn der Industrialisierung um etwa 30 Prozent zugenommen (Unep, 1997).

Zu den Wirkungen des Kohlendioxides müssen im Energiebereich vor allem noch das Methan (CH_4) und das Ozon (O_3) in den unteren Schichten der Atmosphäre addiert werden. CH_4 wird in erheblichem Umfang bei der Förderung und Verteilung von Erdöl, Erdgas und Kohle frei. Die atmosphärische Methankonzentration hat seit Beginn der Industrialisierung um etwa 150 Prozent zugenommen. Das treibhauswirksame, bodennahe Ozon entsteht in der unteren Atmosphäre (Troposphäre) aus Stickoxiden (NO_x), die bei der Verbrennung fossiler Energien (vor allem im Verkehrsbereich) freigesetzt werden.

Zum wachsenden Energieverbrauch kommt die Entwaldung vieler Landstriche, die in Mittel- und Südeuropa meist schon Jahrhunderte oder Jahrtausende zurückliegt, in borealen Breiten (Sibirien) oder den tropischen Wäldern der-

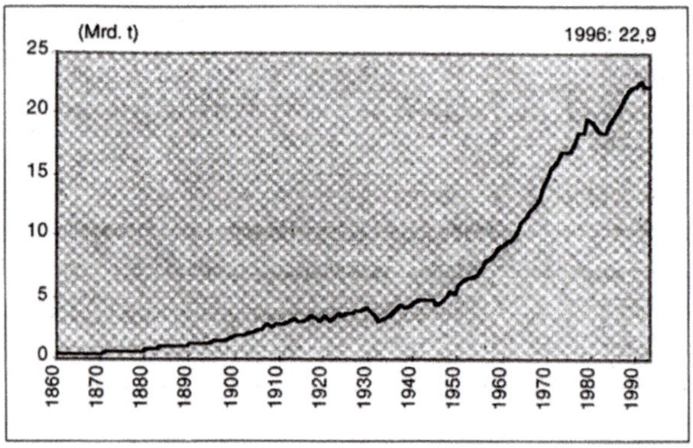

Abb. 2: *Entwicklung der globalen CO_2-Emissionen aus der Verbrennung fossiler Energieträger (und der Zementproduktion) (CDIAC, WEC, World Watch Institute).*

zeit noch in vollem Gange ist. Zwischen 1990 und 1995 gingen jährlich etwa 13 Millionen Hektar tropischer Naturwälder verloren, dies ist mehr als die gesamte Waldfläche Deutschlands. Etwa neunzig Prozent davon werden durch die Ausweitung landwirtschaftlicher Nutzflächen zerstört (BML, 1997).
Bei der Brandrodung und Abholzung großer Waldgebiete wurden weltweit jährlich etwa vier Milliarden Tonnen Kohlendioxid (CO_2) sowie erhebliche Mengen von CH_4 und N_2O freigesetzt, die etwa zu 15 Prozent zum zusätzlichen Treibhauseffekt beitragen.

Zusätzlich produziert der Mensch synthetische Gase, wie beispielsweise die Fluorchlorkohlenwasserstoffe (FCKW), die nicht nur sehr stark klimawirksam sind, sondern auch die Ozonschicht in höheren Schichten der Atmosphäre zerstören. Die Freisetzung der FCKW ist zwar aufgrund politischer Initiativen (Montrealer Protokoll) mittlerweile rückläufig, doch die Lebensdauer dieser Stoffe in der Atmosphäre beträgt zum Teil mehrere hundert Jahre. Bis in die neunziger Jahre hinein lag der Anteil der FCKW am zusätzlichen Treibhauseffekt bei etwa zwanzig Prozent. Teilweise sind die FCKW durch FKW (Fluorkohlenwasserstoffe) ersetzt worden. Diesen fehlt zwar der Chloranteil, so daß sie nicht mehr ozonschädlich sind. Doch sind auch die FKW stabile und hochwirksame Treibhausgase.

Diesen zusätzlich freigesetzten Gasen steht nur eine begrenzte Aufnahmefähigkeit der natürlichen Senken oder Abbauprozesse gegenüber; sie reichern sich daher in der Atmosphäre an und verstärken den natürlichen Treibhauseffekt. Die

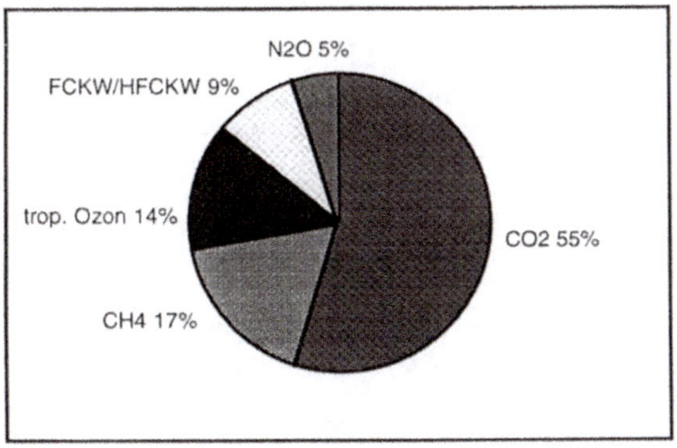

Abb. 3: *Beitrag einzelner Gase zum anthropogenen Treibhauseffekt* (IPCC, 1995).

Folgen dieses vom Menschen verursachten Treibhauseffektes werden globale Klimaänderungen sein, die in ihrem Ausmaß und ihren Wirkungen derzeit kaum absehbar sind.

Literatur

BACH u.a., 1997: *Entwicklung der Stickstoff-, Phosphor- und Kalium-Bilanz der Landwirtschaft in der Bundesrepublik Deutschland. Gesellschaft für Boden- und Gewässerschutz (Hrsg.). Wettenberg.).*

BALS, 1997: *Klimaskeptiker im Treibhaus. Forum Umwelt&Entwicklung (Hrsg.), Bonn.*

BARNOLA u.a., 1987: *Vostok Ice Core Provides 160.000 Year Record of Atmospheric CO_2. Nature, 329, S. 408-414.*

BML, 1997: *5. Tropenwaldbericht der Bundesregierung, BML (Hrsg.), Bonn*

BML, 1998: *Agrarbericht der Bundesregierung. BML (Bundesministerium für Ernährung, Landwirtschaft und Forsten (Hrsg.), Bonn.*

BMU, 1997: *Klimaschutz in Deutschland – 2. Nationalbericht der Bundesregierung für die Bundesrepublik Deutschland im Vorgriff auf Artikel 12 des Rahmenübereinkommens der Vereinten Nationen über Klimaänderungen. BMU (Bundesministerium für Umwelt, Naturschutz und Reaktorsicherheit) (Hrsg.), Bonn.*

BROECKER, 1997: *Spektrum der Wissenschaft. Dossier: Klima und Energie, S. 66-72*

BUND/MISEREOR, 1996: *Zukunftsfähiges Deutschland. BUND/Misereor (Hrsg.), Birkhäuser, Basel.*

BURDICK, 1994: *Klimaänderung und Landbau – Die Agrarwirtschaft als Täter und Opfer, Alternative Konzepte 85, Stiftung Ökologie und Landbau (Hrsg.), Bad Dürkheim, Verlag C. F. Müller, Karlsruhe.*

BURDICK, 1997: *Die Landwirtschaft produziert zuviel Treibhausgase. UMWELT Kommunale ökologische Briefe, 13-14/1997, Archiv, S. I-IV.*

BURDICK, 1998: *Nachhaltige Landwirtschaft in Europa durch Agenda 2000? Ökologie &Landbau, 105, 1/1998, S. 23-25.*

DÄMMGEN, U. 1996: *Umweltrelevante Spurengase aus landwirtschaftlicher Sicht. In: Emissionen umweltwirksamer Spurengase aus der Landwirtschaft. DLG-Arbeitsunterlagen B/96, S.11-27. DLG (Hrsg.), Frankfurt.*

DÄMMGEN, U. und J. ROGASIK, 1996: *Einfluß der Land- und Forstbewirtschaftung auf Luft und Klima. In: Linckh, G. u.a. (Hrsg.), Nachhaltige Land- und Forstwirtschaft. Springer, Berlin, Heidelberg. S. 121-154.*

EK, 1994: *Schutz der Grünen Erde. Dritter Bericht der Enquete-Kommission »Schutz der Erdatmosphäre«, Deutscher Bundestag (Hrsg.), Economica, Bonn.*

FLAIG u. MOHR, 1993: *Energie aus Biomasse – Eine Chance für die Landwirtschaft. Springer.*

HAAS, G. und U. KÖPKE, 1994: *Vergleich der Klimarelevanz ökologischer und konventioneller Landbewirtschaftung. Studienprogramm Landwirtschaft der Enquete-Kommission »Schutz der Erdatmosphäre«. Deutscher Bundestag (Hrsg.), Economica, Bonn.*

IPCC, 1995: *IPCC Second Assessment Report. Climate Change 1995 – The Science of Climate Change. Report of IPCC-Working Group I. Cambridge University Press, Cambridge, New York.*

KJER u.a., 1994: *Landwirtschaft und Ernährung. Studienprogramm Landwirtschaft der Enquete-Kommission »Schutz der Erdatmosphäre«, Deutscher Bundestag (Hrsg.), Economica, Bonn.*

MPI, 1997: *Unser Wissen über den globalen Klimawandel. Pressemitteilung des Max-Planck-Instituts für Meteorologie (MPI), Hamburg, vom 7. November 1997.*

SCHÖNWIESE u.a., 1993: *Klimatrend-Atlas Europa 1891-1990. Berichte des Zentrums für Umweltforschung Nr. 20.*

UBA, 1996: *Jahresbericht 1995. Umweltbundesamt (Hrsg.). Berlin.*

UNEP, 1997: *Climate Change Information Sheets. UNEP (United Nations Environment Program) (Hrsg.). Genf.*

Agrarmeteorologie
Teil 3: Das Wetter und die Landwirtschaft im Jahresablauf

Althergebrachte Wetterregeln enthalten mehr Wahrheiten, als man auf dem ersten Blick vermuten würde. Oft genug kleiden sie die Tatsache in Worte, daß bestimmte Wetterlagen zu bestimmten Zeiten dazu tendieren, viele Wochen bestehen zu bleiben. Mit diesem Wissen kann der Bauer nicht nur seine eigene sehr grobe Wettervorhersage machen. Die Regeln helfen auch, die anfallenden Arbeiten für die kommenden Wochen besser zu planen.

Stichpunkte: Großwetterlagen, Wetterbesonderheiten, Erhaltungstendenz von Wetterlagen in verschiedenen Perioden, Singularitätenkalender, phänologische Uhr, Wachstums- und Ernteregeln aus dem Wetterablauf

Folgelieferung September '98

Dieter Hoppmann und Günter Völkel

Dieser Beitrag zeigt Ihnen

- was hinter verschiedenen Wetterregeln tatsächlich steckt
- welche Wetterbedingungen man zu bestimmten Zeiten erwarten darf,
- welches Stadium die Vegetation zu bestimmten Zeiten im Normalfall erreicht
- wie der Bauer am besten die einzelnen Wetterlagen in seine Arbeitsplanung einbezieht

Großwetterlagen

Schon eine alte Bauernregel besagt:

»Das Wetter erkennt man am Winde, wie den Herrn am Gesinde.«

Trotz der vielen Zufälligkeiten und Unregelmäßigkeiten des Wetterablaufs in unseren Breiten gibt es einige Spielregeln, die das Wetter bestimmen. Entsprechend der oben zitierten Bauernregeln gibt es Zusammenhänge zwischen Windgeschwindigkeit und Windrichtung und dem weiteren Wetterablauf. Gemeint sind damit nicht kurzzeitige Änderungen der Windrichtung, sondern über mehrere Tage andauernde Wettersituationen. Dafür wird häufig der Begriff Großwetterlage verwendet. Die unterschiedlichen thermischen Bedingungen in den geographischen Breiten und die Land-Meer-Verteilung sorgen dafür, daß die Luftmassen, die durch die großräumige Zirkulation »verschoben« werden, charakteristische Merkmale aufweisen. Die Luft, die aus nördlichen Breiten zu uns kommt, ist wesentlich kälter als Luft aus südlichen Zonen, Luft aus dem asiatischen Kontinent trockener als Luft vom Atlantik.

In Tabelle 1 sind die Zusammenhänge dargestellt. Grundsätzlich unterscheidet man Subtropik- und Polarluft voneinander. Ein Westwind bringt Luft von Westen mit reichlichem Angebot an Wasserdampf. Häufig hat die Luft ihren Ursprung bei Island oder Grönland und ist deshalb im Sommer als kühl, im Winter dagegen als mäßig kalt einzustufen, da dann die Kontinente stärker ausgekühlt sind als die Meere. Ostwinde transportieren trockene Festlandsluft aus dem asiatischen Kontinent zu uns. Die Neigung zu Niederschlägen ist gering, im Sommer ist es dann warm, im Winter dagegen lausig kalt. Warme Mittelmeerluft beschert uns dagegen reichlich Regen. Im Sommer sind damit häufig Gewitterfronten verknüpft (siehe Teil 2). Dreht der Wind dagegen über einen längen Zeitraum auf Südost – stationäres Hoch über Polen oder dem Baltikum – so stehen die Wetterzeichen im Sommer auf trockenes, sehr heißes Wetter, im Winter dagegen auf kaltes Wetter. Wenn man Temperaturen, Bewölkung und Niederschlagsereignisse nach Windrichtung aufschlüsselt und klimatologische Mittelwerte bildet, so ergeben sich signifikante Unterschiede (Tabelle 2). Bildet man die Summe der Niederschläge im Sommer mit Windrichtungen aus östlichen Richtungen, so zeigt sich ein Anteil von näherungsweise 15 Prozent am Gesamtniederschlag. Die Winde aus westlichen Richtungen bringen dagegen siebzig Prozent des Gesamtniederschlags. Die

Folgelieferung September '98

Tabelle 1: Windrichtung/Luftmasse und Wetter nach Malberg, 1993

Luftmasse	Windrichtung	Herkunft	Eigenschaften
maritime Polarluft	West, Nordwest	Atlantik, Island, Grönland, Nordmeer	**Sommer:** kühl **Winter:** mäßig kalt, große Bewölkungs- und Niederschlagsneigung
kontinentale Polarluft	Ost, Nordost Nord Südost (Winter)	Rußland, Skandinavien Balkan	**Sommer:** warm **Winter:** (sehr) kalt, geringe Bewölkungs- und Niederschlagsneigung
maritime Subtropikluft	Südwest, Südost	Azoren, Mittelmeer	**Sommer:** schwülwarm (Gewitter) **Winter:** mild, große Bewölkungs- und Niederschlagsneigung
kontinentale Subtropikluft	Südost (Sommer)	Balkan	**Sommer:** heiß und sonnig

Tabelle 2: Die durchschnittliche prozentuale Niederschlagsmenge in Abhängigkeit von den acht Hauptwindrichtungen (Malberg)

Windrichtung	N	NO	O	SO	S	SW	W	NW
Niederschlag (Prozent)	4,67 %	4,67 %	4,09 %	5,85 %	10,53 %	30,99 %	24,56 %	14,61 %

restlichen Anteile von 15 Prozent bilden Niederschläge bei Süd- oder Nordwind. Ähnliche Verteilungen ergeben sich auch für die anderen Jahreszeiten. Auch bei den Temperaturen ergeben sich deutliche Unterschiede in Äbhängigkeit von der Windrichtung. So sind die Temperaturmaxima bei östlichen Windrichtungen im Sommer im Mittel vier bis sechs Grad wärmer als die Luftmassenzufuhr aus Westen. Im Winter dreht sich diese Beziehung um, dann ist die kontinentale Luft aus Osten um den gleichen Betrag kälter. Die nächtlichen Minima gehorchen diesen Regeln nicht in ähnlicher Weise, weil sich bei den langjährigen Mittelwerten verstärkt geländeklimatische Unterschiede bemerkbar machen.

Singularitäten, phänologische Entwicklung und landwirtschaftliche Arbeiten während des Jahresablaufs

In Teil 1 wurden kurz die Unterschiede in den einzelnen Klimazonen dargestellt. Neben den monatlichen Darstellungen langjähriger Mittelwerte ist es natürlich auch möglich, langjährige Mittel der einzelnen Tage zu berechnen. Aus den täglichen Mittelwerten lassen sich besondere Wetterereignisse im Jahreswitterungsverlauf ablesen, die besonders häufig wiederkehren. Aus diesen Singularitäten haben unsere Vorfahren kalendergebundene Wetterregeln abgeleitet (Lostage). Diese auf den Tag bezogenen Wetterregeln darf man natürlich nicht sehr genau nehmen. Manchmal steckt in den langen Erfahrungen aber ein wahrer Kern, wenn man die Regeln auf eine Zeitspanne um den genannten Lostag herum bezieht. Bei dieser Betrachtungsweise ist zu berücksichtigen, daß es sich um statistische Mittelwerte handelt und daß sich der aktuelle Wetterablauf nicht unbedingt an das Mittel halten muß. Es treten auch deutlich regionale Unterschiede bei den Regeln auf. Wenn die Statistik eine Wahrscheinlichkeit von siebzig Prozent berechnet, dann trifft in zwei von drei Jahren diese Wetterregel zu. So kann es Verschiebungen von mehreren Tagen zum langjährigen Mittel geben, für die längerfristige Planung interessiert aber der ungefähre Termin, wann zum Beispiel der Boden wieder

Folgelieferung September '98

Tabelle 3: Wetterlagen, Phänologie, landwirtschaftliche Arbeiten und witterungsbedingte Risiken im Jahresverlauf

Zeitraum	Häufig wiederkehrende Wetterlagen	Phänologische Entwicklung	Landwirtschaftliche Arbeiten und Risiken
1. bis 10. Januar	1. bis 5.01., Neigung zu Ostlagen trocken und kalt	Winterruhe	Winterruhe
11. bis 20. Januar	9. bis 20.01., Hochdruckdruckneigung und Kälteeinbrüche	Hochwinter Winterruhe	Winterruhe
20. bis 31. Januar	26.01. bis 4.02., ausgedehnte zyklonale Periode mit Milderung	Winterruhe	Winterruhe
1. bis 10. Februar	5.02. bis 10.02., Antizyklonale Nordwestlage kalt	Winterruhe	Winterruhe
11. bis 20. Februar	15.02. bis 18.02., Kaltlufteinbrüche Spätwinter	Winterruhe	Winterruhe
20. bis 28. Februar	19.02. bis 24.02., Hochdruckeinfluß trocken Temperaturen normal	**Beginn des Vorfrühlings** Blüte Haselnuß, Schneeglöckchen	Abschleppen der Sommerungsflächen, Wechselfröste, Schneeschmelze, Schneeschimmel, Gülle und Stallmist ausbringen auf Winterungen
1. bis 10. März	7.03. bis 12.03., Zunahme der Schauer, Ende des Nachwinters		Wechselfröste, Kalk streuen
11. bis 20. März	16.03. bis 20.03., Südwestlage, mild, wenig Niederschlag	Langtaglichtverhältnisse > 12 h Hufflattichblüte, Beginn Grünlandwachstum	Walzen Getreide und Grünland, Durumaussaat Abschleppen Sommerungsflächen, Folienkartoffeln pflanzen
21. bis 31. März	21.03. bis 26.03., ° antizyklonale Ostlage trocken, deutlich kälter	Blüte Salweide	Bestellung Sommergetreide, Körnerleguminosen, Schlupf Rapsstengelrüßler, Feldmausaktivitäten,

Folgelieferung September '98

Tabelle 3: Wetterlagen, Phänologie, landwirtschaftliche Arbeiten und witterungsbedingte Risiken im Jahresverlauf (Fortsetzung)

Zeitraum	Häufig wiederkehrende Wetterlagen	Phänologische Entwicklung	Landwirtschaftliche Arbeiten und Risiken
1. bis 10. April	5.04. bis 10.04., Aprilwetter Schauer und Kühl	**Beginn des Erstfrühlings** Blüte Forsythie, Löwenzahn, Schossen Wintergerste, Aufgang der Frühkartoffeln in frühen Gebieten	Grünlandnachsaaten, Jaucheausbringung, Bestellung Zuckerrüben, Frühkartoffeln pflanzen, Gefährdung durch alte Kartoffelkäfer, Blindstriegeln, Sommergetreide/Körnerleguminosen
11. bis 20. April	11.04. bis 14.04., schwache Hochdruckneigung, ansonsten Schauer	Langtaglichtverhältnisse > 14 h, Blüte Schlehdorn, Blattentfaltung Roßkastanie, Abschluß der Bestockung in frühen Gebieten	Bestellung Zuckerrüben und Kartoffeln, erstes Auftreten von Kartoffel-, und Blattrandkäfern, Abschleppen von Gemüseflächen, Flug Apfelblütenstecher
21. bis 30. April	21.04. bis 24.04., Hochdruckwetter	Blattentfaltung Sommerlinde, Blüte Süßkirschen	Maisbestellung, Weidegang Jungvieh und Milchkühe, Kriebelmücke, Striegeln von Getreide und Körnerleguminosen, Untersaaten, Feldgemüsebestellung
1. bis 10. Mai	5.05. bis 7.05., Schauerwetter	**Beginn Vollfrühling** Blüte Apfel, Blattentfaltung Rotbuche, Schossen Winterweizen, Blühbeginn Winterraps, Aufgang Frühkartoffel	Bodenpflege Hackfrüchte, Gefährdung Mais durch Kälteschock, Auftreten von Rapsglanzkäfern, Kohlschotenmücke, Kohlschotenrüßler, Fritfliege beim Mais, Erstauftreten Rübenfliege, Kartoffelkäfer und Apfelwickler, Striegeln der Sommerung, Kartoffelpflege,
11. bis 20. Mai	8.05. bis 14.05. Kälterückfälle Eisheilige	Blüte Roskastanie, Ährenschieben Wintergerste und Winterroggen, Schossen Hafer	Beginn der Silagewerbung, Beregnung bei Getreideschossen, Hauptflug Rübenfliege, Erstauftreten Grüne Pfirsichblattlaus, Larvenfraß Kartoffelkäfer, Kartoffelpflege, Getreide striegeln und hacken nicht bei Frost
21. bis 31. Mai	17.05. bis 30.05. Hoher Luftdruck trocken wärmer	**Beginn Frühsommer** Blüte Wiesenfuchsschwanz, Weißdorn	Silagewerbung , Getreideberegnung beim Schossen und Ährenschieben, Auftreten von Mehltau bei Weizen und Zwergrostbefall Gerste, Hauptflug grüne Pfirsichblattlaus, Feldgemüse- und Mais-, Kartoffelpflege, Erbsenläuse

Tabelle 3: Wetterlagen, Phänologie, landwirtschaftliche Arbeiten und witterungsbedingte Risiken im Jahresverlauf (Fortsetzung)

Zeitraum	Häufig wiederkehrende Wetterlagen	Phänologische Entwicklung	Landwirtschaftliche Arbeiten und Risiken
1. bis 10. Juni	1.06. bis 7.06. Zunehmende Niederschlagsneigung	Blüte Winterroggen Ährenschieben Winterweizen	Kartoffelberegnung nicht vor der Blüte, Heuwerbung, Bohnenlaus, Kartoffelpflege, Kartoffelkäfer
11. bis 20. Juni	7.06. bis 14.06., Einbruch kalte Meeresluft, Schafskälte	Fruchtreife Süßkirsche, Winterweizen Blüte, Rispenschieben Hafer	Ausbreitung Kartoffelkrautfäule zwischen Bestandschluß und Blüte, Kartoffelpflege, Kartoffelkäfer
21. bis 30. Juni	15.06. bis 25.06., Antizyklonal Frühsommer wärmer	**Beginn Hochsommer** Blüte Sommerlinde, Frühkartoffelblüte,Spätkartoffel Bestandsschluß, Schossen bei Mais, Fruchtreife Sauerkirsche und Johannisbeere	Ausbreitung Kartoffelkrautfäule zwischen Bestandschluß und Blüte bei späteren Sorten, Auftreten der bleichen Getreideblattlaus und der Junigkäfer des Rapsglanzkäfers
1. bis 10. Juli	26.06. bis 10.07., Abkühlung Schauer	Ende Getreideblüte, Bestandsschluß Zuckerrüben, Fahnenschieben Mais	Beregnung Kartoffeln, Rüben und Mais, Auftreten der Jungkäfer des Rapserdflohs
11. bis 20. Juli	11.07. bis 23.07., Erste Hochsommerperiode, geringer Niederschlag	Gelbreife Wintergerste und Winterroggen, Wintergerste Vollreife und Ernte	Kornfeuchte < 17% bedingt lagerfähig, < 14% lagerfähig, < 12% Bildung von Haarrissen, Ganzpflanzensilage, 2. Silageschnitt, Zusammenbruch von Blattlauspopulationen
21. bis 31. Juli	24.07. bis 29.07., Zweiter Monsundurchbruch, zunehmende Niederschlagsneigung	**Beginn Spätsommer** Vollreife und Ernte Winterroggen, Gelbreife Winterweizen	Gleichmäßige Beregnung Spätkartoffeln, Rüben und Mais, Beregnung Frühkartoffeln beenden, Auswuchsneigung bei Winterroggen, Kornfeuchte beachten, Ernte, Stoppelbearbeitung, Zwischenfruchtaussaat, Frühkartoffelernte, Abschlegeln Kartoffelkraut,
1. bis 10. August	3.08. bis 12.08., sommerlich, trocken und warm	Ernte Frühkartoffeln, Gelb- oder Vollreife Winterweizen und Hafer, Fruchtreife frühe Apfelsorten, Birnen	Auswuchsneigung bei Winterweizen, gleichmäßige Beregnung Rüben und Mais, Ende Kartoffelberegnung, Ernte Stopppelbearbeitung, Zwischenfruchtaussaat, Frühkartoffelernte

Tabelle 3: Wetterlagen, Phänologie, landwirtschaftliche Arbeiten und witterungsbedingte Risiken im Jahresverlauf (Fortsetzung)

Zeitraum	Häufig wiederkehrende Wetterlagen	Phänologische Entwicklung	Landwirtschaftliche Arbeiten und Risiken
11. bis 20. August	13.08. bis 18.08., schwach zyklonal, letzte Sommergewitter	Ernte Winterweizen und Hafer, Ende Hauptblattbildung Zuckerrüben	Bestellung Winterraps und Zwischenfrüchte, Stallmistausbringung, Heuwerbung
21. bis 31. August	19.08. bis 28.08., Zufuhr kühler Meeresluft	**Beginn Frühherbst** Fruchtreife schwarzer Holunder, Blüte Herbstzeitlose, Beginn Ernte Spätkartoffeln	letzte Zwischenfruchtaussaat, Beregnung Rüben und Mais, Ernte Ackerbohnen, Stoppelbearbeitung
1. bis 10. September	3.09. bis 12.09., Nachsommer, trocken und warm	Haupternte Spätkartoffel, Letzter Schnitt Grünland	Verdunstungskraft der Luft nur halb so groß wie im Sommer, längere Tauphasen, Ernte Ackerbohnen
11. bis 20. September	13.09. bis 17.09, zunehmend zyklonal, Septemberregen	**Beginn Vollherbst** Fruchtreife Roskastanien	Anlage Saatbett Wintergerste
21. bis 30. September	23.09. bis 30.09., starker Hochdruckeinfluß, Frühherbst, Altweibersommer, warm	Fruchtreife Rotbuche	Bestellung Wintergerste, Anlage Saatbett Winterroggen, Beginn Zuckerrübenernte
1. bis 10. Oktober	3.10. bis 10.10., Tiefdrucktätigkeit, stärkere Niederschlagsneigung	Ernte Futterrüben, Laubverfärbung Roskastanie, Ende Langtagsbedigungen > 12 h	Bestellung Winterroggen, Anlage Saatbett Winterweizen, Ernte Zuckerrüben, Silomaisernte
11. bis 20. Oktober	11.10. bis 18.10., Hochdruckwetter, erste Fröste	Laubverfärbung Rotbuche, Aufgang Wintergerste, Beginn Ernte Silomais, Körnermais, Laubverfärbung Süßkirsche	Bestellung Winterweizen, Ernte Zuckerüben, Silomais
21. bis 31. Oktober	23.10. bis 27.10, Tiefdruckgebiete, Niederschläge, unfreundlicher Spätherbst	**Beginn Spätherbst** Aufgang Winterroggen, Ernte Zuckerrüben, Ernte Silomais, Körnermais	Kartoffeln und Rüben frostsichere Lagerung

Tabelle 3: Wetterlagen, Phänologie, landwirtschaftliche Arbeiten und witterungsbedingte Risiken im Jahresverlauf (Fortsetzung)

Zeitraum	Häufig wiederkehrende Wetterlagen	Phänologische Entwicklung	Landwirtschaftliche Arbeiten und Risiken
1. bis 10. November	28.10 bis 6.11., Antizyklonal, trocken, Ostwind	Aufgang Winterweizen, Ernte Zuckerrüben, Silomais, Körnermais	frostsichere Lagerung Rüben
11. bis 20. November	7.11. bis 16.11., Schlechtwetterperiode, manchmal die ersten Schneefälle	Winterruhe	Winterruhe
21. bis 30. November	17. bis 24.11., Hoher Luftdruck, Kälteeinbrüche	Winterruhe	Winterruhe
1. bis 10. Dezember	2.12 bis 10.12., Tiefdruckgebiete, starke Niedererschlagsneigung	Winterruhe	Winterruhe
11. bis 20. Dezember	12.12. bis 23.12., Hoch Skandinavien, kräftige Kaltlufteinbrüche, weitgehend trocken	Winterruhe	Winterruhe
21. bis 31. Dezember	24.12. bis 28.12. Westwetterlage, Weihnachtstauweitter	Winterruhe	Winterruhe

frostfrei wird, oder zu welchem Termin das Grünland zu wachsen beginnt.

Im Singularitätenkalender heben sich einige markante Wetterereignisse im Jahr heraus, die in Tabelle 3 dargestellt sind. Dort finden sich auch die landwirtschaftlichen Arbeiten und die wesentlichen phänologischen Eintrittstermine aus. Ferner ist das wetterbedingte Risiko für Krankheiten und andere Gefährdungen angegeben. Die Tabelle erhebt keinen Anspruch auf Vollständigkeit. Im Januar erleben wir in der Regel mehrere aufeinanderfolgende Kälteeinbrüche. Die fehlende Kraft der Januarsonne reicht nicht aus, um die Temperaturen deutlich anzuheben. Der Spätwinter im Februar verzeichnet häufiger die ersten Warmluftvorstöße im Wechsel mit erneuten Wintereinbrüchen. Ab Mitte Februar etabliert sich dann ein spätwinterliches Hochdruckgebiet. Wenn der Februar zu kalt wird, bleibt auch der März und April als Folgewirkung in zwei von drei Jahren zu kalt (Malberg). Der Arbeitskalender weist für diese Zeit den Baumschnitt aus. Die Kraft der Märzsonne führt zu den ersten Wärmeschüben im Boden. Die Frühblüher wie Hasel oder Schneeglöckchen kündigen den Vorfrühling an. Die phänologischen Termine sind ebenso wie die Jahreswitterung keine konstanten Größen (Abb. 1), die Eintrittstermine schwanken von Jahr zu Jahr sehr stark. Die Extreme können einen Monat auseinanderliegen.

Der Winter kehrt aber regelmäßig mit Nachwehen im März zurück. Es ist die Zeit der Wechselfröste, die der Landwirt fürchtet und die für das Wintergetreide mit einem möglichen Wurzelriß ein hohes Risiko bedeutet. Mit der Huflattichblüte beginnt im allgemeinen auch das Grünlandwachstum. Nach mehreren trockenen Tagen können die Felder befahren werden, und es beginnt die Bestellung des Sommergetreides. Die warme Märzsonne bringt auch die ersten Schädlinge. Rapsschädlinge schlüpfen bei windschwachem, trockenem Wetter. Zum Märzende erwarten wir den Erstfrühling mit der Blüte der Forsythien. Die Wechselhaftigkeit des Aprilwetters ist nahezu sprichwörtlich. Der Kontinent reagiert auf die ansteigende Sonnenbahn mit rascher Erwärmung, während der nördliche Atlantik noch vom Winter her sehr kühl ist. Frische Polarluft stößt regelmäßig weit nach Süden vor und in den warmen und kalten Luftmassen entwickeln sich heftige Aprilschauer. Das Aprilwetter beschert uns wunderschöne Wolkenlandschaften, die landwirtschaftlichen Kulturen müssen in dieser Zeit aber viele Risiken durchstehen. Die frühblühenden Obstgehölze sind immer wieder durch Kaltlufteinbrüche gefährdet, aber auch die Bestel-

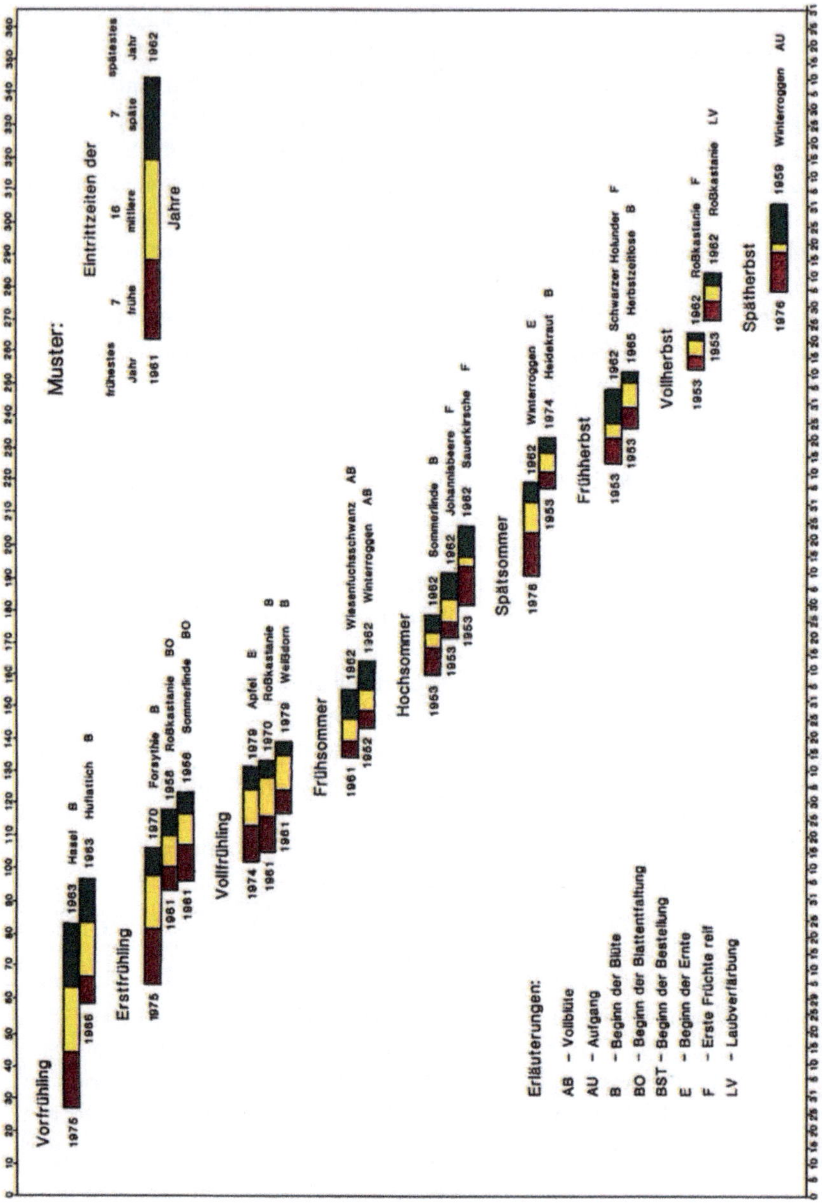

Abb. 1: *Phänologischer Kalender für das Rhein-Main-Tiefland (Höhenbereich 90 bis 240 Meter über Normalnull, Zeitraum 1951 bis 1980 (Quelle: Deutscher Wetterdienst)*

lung der Hackfrüchte ist nicht risikolos, da die Bodentemperaturen zumindest über sechs Grad liegen sollten, um die frischbestellten Rüben oder Kartoffeln nicht zu gefährden. Zuckerrüben neigen bei zu kalter Witterung zu Schosserbildung, sie sollten auf jeden Fall erst nach der Forsythienblüte gedrillt werden. Die Kartoffeln sind im kalten Boden krankheitsanfälliger. Noch empfindlicher reagiert der Mais, der bei zu kaltem Aprilwetter einen wahren Kälteschock erleiden kann. Neben der anstehenden Düngung des Wintergetreides breiten sich die ersten Pilzerkrankungen im Getreide aus, die in der Regel nur geringe Wärmeansprüche haben.

In der zweiten Aprilhälfte schiebt sich immer weiter wieder eine Warmluftphase in das launische Aprilwetter. Das ist die Zeit, in der auch die spätblühenden Obstgehölze Birnen und Äpfel (Vollfrühling) aufblühen. Bei der phänologischen Uhr (Abb. 1) ist zu berücksichtigen, daß sich die phänologischen Eintrittstermine auch mit zunehmender Höhe verzögern (drei bis vier Tage auf 100 m Höhenzuwachs). Ebenso verzögern sich die Termine auf ihrem Weg nach Norden. So wandert der Eintrittstermin der Apfelblüte in dreißig bis vierzig Tagen vom äußersten Südwesten bis zum äußersten Nordosten Deutschlands.

Mit Beginn der Apfelblüte sind die Wetterrisiken des Frostes aber noch nicht überwunden. Polare Kaltluftvorstöße können bis Mitte Mai die jungen Kulturen gefährden. Berüchtigt sind die Eisheiligen Pankratius, Servatius, Bonifatius (12. bis 14. Mai). Dazu gesellt sich noch die Kalte Sophie (15. Mai). Für die Eisheiligen gilt genauso wie oben erwähnt die Regel, daß es immer nur um Zeitspannen von mehreren Tagen um die zitierten Kalendertage herum geht. Die Gefahr von April- und Maifrösten ist in der Tendenz fallend wie die Tabelle 4 der Fröste von Geisenheim zeigt. Vor fünfzig Jahren traten in Geisenheim noch bis zu acht Maifröste auf, heute sind es in einem dreißigjährigen Zeitraum nur noch zwei Fröste. Es ist allerdings zu berücksichtigen, daß der Standort Geisenheim wärmebegünstigt ist. Erst ab Mitte Mai wird die Gefahr von Spätfrösten gering. Wenn man wiederum die Statistik zu Rate zieht, so folgt in zwei von drei Jahren auf einen zu kühlen April und Mai auch ein kühler Sommer (MALBERG 1993). Ähnliches gilt, wenn April und Mai zu warm werden.

In der zweiten Maihälfte steht dann regelmäßig eine stabile Hochdruckwetterlage an, die dann manchmal sogar bis zum 10. Juni anhält. Im statistischen Mittel ist das die Zeit mit der geringsten Regenhäufigkeit in Deutsch-

Folgelieferung September '98

land. Für die Grünlandbauern gilt es nun, den ersten Grasschnitt ohne hohe Nährstoffverluste einzubringen, bei sonnigem Strahlungswetter kann bodentrockenes Heu nach drei Tagen, Silage bereits nach einem Tag geerntet werden. Beim Wintergetreide taucht der echte Mehltau auf. Kühle Nachttemperaturen begünstigen bei gleichzeitig hoher relativer Luftfeuchtigkeit die Ausbreitung dieses Pilzes.

Im statistischen Mittel bricht nach dem 10. Juni die Hochdruckwetterlage zusammen und macht atlantischen Tiefdruckausläufern Platz. Mit dieser Umstellung dreht der Wind auf West. Er bringt uns kühle Meeresluft mit Wolken und Regen und in Anlehnung an die Verhältnisse in Indien spricht man von dem »Europäischen Sommermonsun«. Im Volksmund kursiert er unter dem Namen »Schafskälte«, weil die Schafe nach der Schur sehr kälteempfindlich sind. Phänologisch gesehen fällt in die erste Junihälfte der Beginn der Getreideblüte, sie zieht sich für die später blühenden Arten bis Ende Juni hin. Man bezeichnet diese Zeit als Frühsommer. Insgesamt nehmen in dieser Zeit die Schwankungen der phänologischen Eintrittstermine ab. Bei den Krankheiten muß nun die Entwicklung der Rostarten und die Krautfäule bei der Kartoffel stärker beachtet werden. Die Krankheiten benötigen Blattbenetzung durch Regen und Tau, die dann in Verbindung mit Regenschauern vermehrt auftreten.

Gegen Ende des Monats werden dann die wetterbedingten Spielregeln für den Sommer festgelegt. Entscheidend ist, ob der europäische Monsun mit kühler Meeresluft die Oberhand behält oder ob das Azorenhoch wieder seine Fühler nach Mitteleuropa ausstreckt und eine längere trockene und sehr warme Wetterperiode einläutet, die nur ab und zu von kräftigen Gewitterfronten unterbrochen wird. Diese bringen auch kurzzeitig etwas Abkühlung. Die Jahre von 1989 bis 1994 waren für diesen Witterungsverlauf typisch. Sie brachten uns in Deutschland neue Hitzerekorde.

Die andere Richtung bestimmt die Siebenschläferregel mit siebenwöchigem kühl-feuchtem Wetterverlauf. Auch hier sollte man sich nicht allein auf die Wetterbeobachtung am 27. Juni verlassen, sondern die gesamte Zeitspanne zwichen dem 20. Juni und dem 10. Juli im Auguste haben. In zwei von drei Jahren zeigt nach einer kühlen und feuchten Periode in dieser Zeit auch der Sommer ein ähnliches Bild (Malberg, 1993). Die sich einstellende sommerliche Zirkulation hat eine hohe Erhaltungstendenz. Die Statistik besagt, daß kühle Sommer bei uns etwas häufiger sind als länger andauernde Hitzeperioden. Wenn im Juni überdurchschnittlich viele Wärmegewitter auftreten – der

Sommermonsun hat nicht das Regime übernommen – so folgt in drei von vier Jahren ein Juli mit überdurchschnittlich hoher Sonnenscheindauer.

Phänologisch deutlich sichtbar wird der Hochsommer an der Blüte der Sommerlinde. In dieser Zeit erlangen die Süßkirschen ihre Fruchtreife, die Gerstenbestände hellen sich auf. Gefahren drohen den Weizenbeständen durch die Ausbreitung der Septoria, die in Verbindung mit heftigen Gewittern und Regenschauern günstige Ausbreitungsbedingungen vorfindet. In der Fruchtreife folgen den Süßkirschen dann die Johannisbeeren, Stachelbeeren und die Sauerkirschen, deren Fruchtreife in der Region Rhein-Main-Tiefland schon in die zweite Junihälfte fällt (Abb. 1).

In der zweiten Junihälfte beginnt in den frühen Gebieten die Ernte der Gerste, gefolgt Ende Juni von der Roggenernte und etwas später dann die Weizenernte. Der Wetterablauf findet in dieser Zeit beim Landwirt die stärkste Beachtung. Bei trockener heißer Witterung wird die für die Lagerfähigkeit erforderliche Kornfeuchte von 14 Prozent schon nach wenigen Tagen erreicht. Trockene und warme Sommer begünstigen hohe Qualitäten. Die Kehrseite der Medaille ist, daß lange Trockenperioden die Ertragsaussichten mindern. Ist die erste Augustusthälfte sehr sonnenscheinreich, so fällt in vier von fünf Jahren auch die Witterung im September und Oktober zu trocken aus. Dagegen besteht bei längeren feuchten Perioden während der Abreife die Gefahr von Auswuchs, die zwar mit der Einführung von Neuzüchtungen gemindert, aber nicht gänzlich behoben ist. Die Serie von trockenen Sommern sollte nicht dazu verleiten, die Gefahren zu unterschätzen.

Die Witterung im Juli und August ist geprägt durch zahlreiche Tage mit Gewitter. Sie lassen sich lokal nur schwer vorhersagen, was die Planung der Ernte ungemein erschwert. Die rechtzeitige Vorhersage des Auftretens von Gewittern während der Ernte ist ein wichtiges Anliegen im landwirtschaftlichen Wetterbericht.

Mit abnehmenden Sonnenständen werden auch die Nächte wieder länger und kühler. Der Hochsommer geht in der Regel mit der ersten Augustwoche zu Ende. Nach Abschluß der Getreideernte steht der Zwischenfruchtanbau sowie die Rapsbestellung an, um eine gute Überwinterungsfähigkeit zu erreichen. Bei sommertrockener Witterung sinkt die Bodenfeuchtigkeit so weit ab, daß keine günstigen Bedingungen für die Keimung gegeben sind. Allerdings ist die Wahrscheinlichkeit, daß Deutschland von atlantischen Tiefausläufern beeinflußt wird, recht hoch. Im statistischen Mittel umgeben uns an jedem zweiten Tag im August kühle und feuchte atlantische Luftmassen.

Folgelieferung September '98

Die Wetterlage stabilisiert sich erst im September. Der September gehört neben dem Mai zu den wolkenärmsten Monaten. Auch in den Temperaturverhältnissen entsprechen sich beide Monate. Ab Mitte September wird es dann deutlich kühler, die Verdunstungskraft der Luft sinkt auf die Hälfte der Sommermonate. Beim nun anstehenden letzten Grünlandschnitt verdoppeln sich die Zeiträume bis die Grenzwassergehalte für bodentrockenes Heu oder Anwelksilage erreicht sind. In den frühen Gebieten werden ab Anfang September die Spätkartoffeln geerntet. Für die Ernten sollten Bodentemperaturen deutlich über zehn Grad liegen, oberhalb von 15 Grad herrschen optimale Bedingungen. Viel Sonne im September fördert die Abreife des Silo- und Körnermais, der in klimatisch ungünstigen Gebieten aber häufig bis Ende Oktober oder sogar November stehenbleiben muß, um die erforderlichen Trockensubstanzgehalte zu überschreiten. Die Septembersonne begünstigt auch die Abreife der Kernobstarten, die zum Monatswechsel September/ Oktober pflückreif werden. In großer Regelmäßigkeit stellt sich dann der sprichwörtlich bekannte Altweibersommer ein. Die Temperaturen klettern noch einmal auf fast sommerliche Werte.

Ab Anfang Oktober beginnt die Ernte der Futterrüben, später schließen sich die Zuckerrüben an, die sich in manchen Jahren bis in den November hinein hinzieht. Ab Anfang Oktober nimmt die Gefahr von Nacht- und Bodenfrösten wieder deutlich zu, die frisch geernteten Rüben müssen abgedeckt werden. Die Bestellung des Wintergetreides steht an, eine ausreichende Bodenfeuchtigkeit ist für einen guten Aufgang des Getreides wichtig. Kommt der Frost zu früh (mehr als –2 Grad Celsius), so muß auch der Mais geerntet werden. Mais- und Zuckerrübenernte bilden den Abschluß aller Erntearbeiten. Frühzeitige Frostperioden ab Anfang November beenden auch häufig die Möglichkeiten für Feldarbeiten, wobei insbesondere die Gülleausbringung vor der Wintersaison den Landwirten auf den Nägeln brennt.

Der nahende Winter kündigt sich mit Kälteeinbrüchen an. Hochdruckwetter bedeutet im November häufig Nebelwetter, wenn die Sonne nicht mehr in der Lage ist, die bodennahe Kaltluftschicht aufzuheizen und den Nebel aufzulösen. Markant treten dann ab Mitte Dezember die ersten größeren Kälteperioden auf, bevor mit schöner Regelmäßigkeit das Weihnachtstauwetter den Jahresabschluß bildet. Aus Sicht des Statistikers werden zwei von drei Wintern zu mild, wenn das Weihnachtstauwetter bis zum 6. Januar hält. Wer mehr über die kalendergebundenen Wetterregeln und die Wahrscheinlichkeit für die nachfolgende Witterung wissen möchte, dem sei das Buch »Bauernregeln« von MALBERG empfohlen. Bei Kalenderregeln ist zu beachten, daß diese Regeln häufig vor der Kalenderreform von 1582 entstanden sind, das heißt beispielsweise für die Siebenschläferregel, daß sie in Wahrheit für den 7. Juli gilt.

Wachstums- und Ernteregeln aus dem Wetterablauf

Die Ertragskomponenten der landwirtschaftlichen Kulturpflanzen unterliegen in Abhängigkeit von den Umweltfaktoren (Klima und Boden) erheblichen Jahresschwankungen. Temperatur, Licht und Wasserhaushalt sind die wesentlichen klimatischen Kerngrößen. Die Einflüsse sind nicht konstant, die Wirkungen ändern sich im Wechsel der einzelnen Wachstumsabschnitte. An dieser Stelle sollen einige wichtige Witterungseinflüsse zwischen Aussaat und Ernte aufgelistet werden, die das Ertragsniveau beeinflussen können. Auf Grund der Vielzahl unterschiedlicher Kulturen sollen die Zusammenhänge beispielhaft für das Wintergetreide zusammengestellt werden. Die Bestellung des Wintergetreides beginnt mit der Wintergerste bereits ab Mitte September und dauert in der Regel mit der Bestellung des Winterweizen bis in den November hinein an. Sie darf nicht zu früh erfolgen, da sonst die Gefahr für Pilzerkrankungen zu groß ist und häufig auch die Böden im September ausgetrocknet sind. Andererseits sollten zumindest Gerste und Roggen in die Bestockensphase eingetreten sein. Winterweizen sollte das Zwei- bis Fünf-Blattstadium erreichen. Gefahren drohen den Kulturen bereits im November durch Kahlfröste, da in dieser Zeit die Böden in der Regel noch nicht mit Schnee bedeckt sind. Das kommt in der Bauernregel zum Ausdruck:

»November hell und klar, ist übel für das nächste Jahr.«

Die durchschnittlichen Tiefsttemperaturen liegen im November bereits nahe Null Grad Celsius. Die Gefahr von Kahlfrösten dauert über die Wintermonate an, wenn nur wenig Schnee fällt. Nicht zu unterschätzen ist die wärmende Wirkung des Schnees. Zwar kühlt die Luft oberhalb der Schneedecke sehr viel stärker aus als bei schneefreiem Boden, den Erdboden selbst isoliert die Schneeschicht gegenüber große Kälte. Die Schneedecke verhindert, daß die Bodenwärme, die aus tieferen Schichten nach oben geleitet wird, in die Luft entweicht und in den Weltraum abgestrahlt wird. Wintergetreide ist deshalb geschützt, Obstgehölze oder andere aus dem Schnee herausragende Kulturen sind dagegen sehr stark gefährdet, weil die Luft über der

Schneedecke sehr leicht unter minus 20 Grad absinken kann. Die Zusammenhänge werden in folgender Wachstumsregel deutlich:

»Bringt Dezember Kält und Schnee ins Land, dann wächst das Korn selbst noch auf Sand.«

Auf der anderen Seite sind milde, feuchte Winter eher gefährlich für die Wintersaaten, da das Wachstum früher beginnt und späte nachwinterliche Fröste die Kulturen gefährden. Außerdem nimmt die Gefahr von Fußerkrankungen zu. Günstige Bedingungen herrschen, wenn nach einem schneereichen Winter ein trockener März folgt. Das Risiko im März liegt bei den Wechselfrösten und Auswinterungsschäden, wenn der Altschnee zu lange liegenbleibt und die Assimilation nach Abschluß der Winterruhe nicht neu aufgebaut werden kann. Für die Wachstumsphasen Bestockung, Schossen und Ährenschieben im April und Mai sollte es kühl und feucht sein. Sehr niedrige Temperaturen verlängern allerdings den Bestockungsvorgang. Feuchtigkeit ist für die nachfolgenden Phasen mit starken Wachstum besonders wichtig. Die stärkere Betonung bezüglich der Temperatur liegt im April und Mai. Es ist aber zu berücksichtigen, daß die Tagestemperaturen auch im Mittel von März bis Mai rasch ansteigen (acht Grad im März über 13 Grad im April bis zu 20 Grad im Mai). In einer Wachstumsregel heißt es deshalb:

»April naß und kalt, wächst das Korn wie ein Wald.«

In der Wachstumsphase des Ährenschiebens hat das Getreide den höchsten Wasserbedarf. Temperaturen sind dann von untergeordneter Bedeutung. Regenschauer mit eingelagertem sonnigen Warmwetter fördern das Wachstum, begünstigen aber auch die Ausbreitung der Rostpilze. Während der Roggenblüte sollte es trocken sein, um die notwendige Fremdbefruchtung zu ermöglichen. Auch während der Reifezeit von Mitte Juni bis Mitte August wird für das Wachstum der Körner eine ausreichende Bodenfeuchtigkeit benötigt. Diese Zusammenhänge finden in folgender Regel ihre Bestätigung:

»Kommt ab und zu ein Junigewitter, verzagt weder Winzer noch Schnitter.«

Und die entsprechende Aussage bei Andauer des europäischen Monsuns:

»Juli kühl und naß, leere Scheuer, leeres Faß.«

Während der Ernte sollte es deshalb ohne Schauer und Gewitter durchgängig trocken sein, um nach wenigen Tagen die Grenzwerte für die Kornfeuchte zu erreichen. Bei weiter andauernder feuchter Witterung ist insbeson-

Folgelieferung September '98

dere der Roggen vom Auswuchs bedroht.

»Ein trockener August – des Bauern Lust.«

lautet dazu die entsprechende Regel. Die Ernteregeln machen deutlich, daß günstige Wachstumsbedingungen zum richtigen Zeitpunkt Regen und Kühle oder auch Sonne und Wärme bedeuten. Unsere Vorfahren wußten um die Zusammenhänge erstaunlich gut Bescheid.

Bei den Regeln ist zu beachten, daß die Schwankungen der phänologischen Entwicklungsstadien von Jahr zu Jahr und von Region zu Region berücksichtigt werden müssen.

Literatur

Eine kurze Literaturliste findet sich am Ende von Teil 1.

Postkarte für Kritik und Vorschläge an die Redaktion des LoseblattSystems »Ökologische Landwirtschaft«

Sehr geehrte Damen und Herren, ...

Diese Postkarte ist an die Redaktion (in Düsseldorf) adressiert und daher nicht geeignet für geschäftliche Post an den Verlag (in Berlin) - siehe Impressum

Bestellkarte

Hiermit bestelle ich ein Exemplar
I. Lünzer, H. Vogtmann (Hrsg.)
Ökologische Landwirtschaft
Springer LoseblattSystem, DIN A5,
2 Bde., ca. 1.300 Seiten, Preis: DM 189,–
zuzügl. Porto und Verpackung

Diese Bestellung kann ich innerhalb von 14 Tagen widerrufen. Dazu genügt eine einfache Postkarte. Von dieser Garantie habe ich Kenntnis genommen und bestätige das mit meiner zweiten Unterschrift.

Datum Ihre Unterschrift

Datum Ihre Unterschrift

GPSR Compliance

The European Union's (EU) General Product Safety Regulation (GPSR) is a set of rules that requires consumer products to be safe and our obligations to ensure this.

If you have any concerns about our products, you can contact us on ProductSafety@springernature.com

In case Publisher is established outside the EU, the EU authorized representative is:

Springer Nature Customer Service Center GmbH
Europaplatz 3
69115 Heidelberg, Germany

Batch number: 10682325

Printed by Printforce, the Netherlands